大学生のための
情報処理演習

立野 貴之　著

共立出版

<協力者一覧>（五十音順）

青山　慶	（岩手大学）
東　孝博	（獨協大学）
太田　実	（拓殖大学）
大竹　敢	（玉川大学）
岡田　工	（東海大学）
加藤　尚吾	（東京女子大学）
加藤　由樹	（相模女子大学）
岸　康人	（松蔭大学）
金　宰郁	（松蔭大学）
北澤　武	（東京学芸大学）
黒井みゆき	（玉川大学）
草山　太一	（帝京大学）
田中　聖華	（横浜商科大学）
竹内　俊彦	（駿河大学）
冨田　幸弘	（獨協大学）
藤巻　貴之	（目白大学）
安村　薫	（松蔭大学）
山本　美紀	（帝京大学）
若山　昇	（帝京大学）

教科書データのご案内

本書で利用するデータは，以下のサイトからダウンロードできます．
どうぞご活用ください．

URL　www.kyoritsu-pub.co.jp/bookdetail/9784320124677

はじめに

情報通信技術(ICT: Information and Communication Technology)の利便性が格段に発達し，誰もがコンピュータを利用する時代になった．一方，大学生のコンピュータに関する知識や操作スキルの格差は大きい．多くの大学生は，独学または高校の授業で少しやった程度であり，コンピュータの活用能力がまったく身についていない大学生も少なくない．なぜこのような問題が起こるかと言えば，近年のコンピュータは，ある程度感覚的に利用できてしまうからである．したがって，コンピュータを苦手としていても，そこそこ操作はできてしまうため，その性能を最大限に引き出すよう意識した使い方をしていない．コンピュータを活用できる社会人と，そうでない人の違いは，コンピュータの仕組みや，その効果的な活用方法を体系的に理解し，明確な目的をより意識して活用できているか，そうでないかである．

本書は，コンピュータを活用する能力を身につけるため，より深い理解を目的とした教科書である．第1章では Microsoft Windows10 の基本やコンピュータの基礎知識，インターネットの仕組み，第2章では Microsoft Word を利用した基本的な文書作成から長文のレポート作成，第3章では Microsoft Excel による表計算からデータベース，第4章では Microsoft PowerPoint を利用したスライド作成からプレゼンテーションの実践，さらに，オンラインプレゼンテーションの方法なども網羅し，これらの知識と操作スキルを体系的にまとめた．大学生が，目標となる知識や技能を身につけるために，十分な基礎力を高めつつ主体的に取り組める意識を持って授業に臨むと，より効果を発揮するだろう．

本書の特徴として，大学生が必要とするコンピュータの知識と操作スキルが，無理なく身につけられるように構成されている．知識に関しては，時々の最先端技術を知るのみでなく，将来的に様々な問題に対処できる知恵の基礎となる知識であり，最先端の知識がいずれ陳腐化することも念頭に置き，知識を知恵に変えていくことに焦点を置いた．また，コンピュータの操作スキルに関しては，「1. 操作説明→ 2. 理解度の確認→ 3. 理解の深化」の流れで構成し，さらに演習をこなすことで，少しずつ慣れながら操作の技術を向上できるように展開していく．また，コンピュータが苦手な学生に配慮して作成しているため，ポイントを押さえた解説が用意されている．

学習から得た知識と経験から，学生生活だけでなく就職活動や社会人生活で実益を生み出せるよう，筆者の10年以上にわたる教育経験と研究グループによる情報教育研究の成果を1冊にまとめた．本書を利用して，「コンピュータを最大限に利用し，いかに楽をして作業を行うか？」という発想力を養い，本書を踏み台にして，さらにコンピュータの能力を最大限に引き出す高度な知恵を持つ高みを目指してほしいと切に願う．本書がそのための一助となれば，これに勝る喜びはない．

本書を執筆にするにあたって，ご助言をいただいた協力者の皆様，そして，本書の企画・編集を進めていただいた共立出版株式会社の清水隆氏，寿日出男氏，中川暢子氏に感謝する．また，本書は，『学生のためのコンピュータ活用』『文系学生のための情報活用』を経て，世に出ることとなった．前教科書を採用していただいた各大学の情報処理演習を担当する先生方には，実際に利用してもらい，多くのご指摘やご助言をいただき，学生からの激励の言葉もいただいた．この場を借りて心からお礼申し上げる．

2021年1月

立野 貴之

目　次

第1章

Windowsと ICT（情報通信技術）活用

1.1 Windows の利用とコンピュータの基礎知識

Windows（OS：Operating System）を使い，コンピュータが計算する場合は，「2進数」を利用する．日常生活では，1から数えて10で桁上りする「10進数」を利用するが，コンピュータは2進数しか理解できない．コンピュータを意識して活用するために，コンピュータにおける2進数の世界の仕組みを理解しよう．

みなさんの身近なコンピュータであるパソコンには，Windows や macOS，Linux などが必ずインストールされており，これが OS（基本ソフト）である．この基本ソフトがないとパソコンは機能しない．Windows は，ハードウェアの起動，インターネットへの接続など，パソコン全体を管理するための基本ソフトである．基礎知識となる Windows の使い方からコンピュータネットワークの仕組みを理解しよう．

▶コンピュータの計算の仕組み

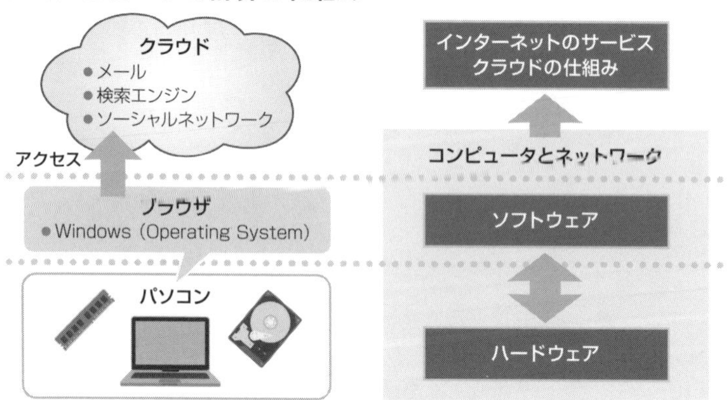

▶コンピュータネットワークの仕組み

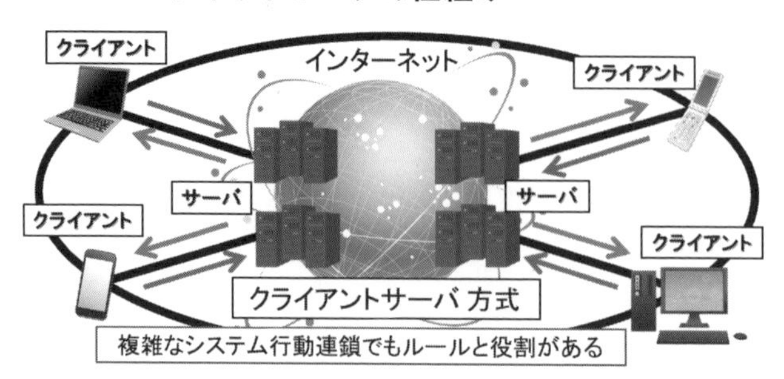

1.1.1 Windows の利用

Windows は，Microsoft 社が開発した OS である．Windows は GUI（Graphic User Interface）を利用して，「複数のプログラムの窓を開いて操作することができる」ことが語源になっている．一般家庭で利用するパソコンの OS として普及した Windows 95 から 98→ME→2000→XP→Vista→7→8→8.1→10 と，バージョンが更新されている．本書では Windows10 を取り扱う．

●認証管理

コンピュータを利用するうえで，ID（アカウント，ログイン名など）とパスワードで管理されていることを理解する必要がある．環境によっても異なるが，ネットワークへの接続が前提となっていることが多く，ID とパスワードが必要になる．

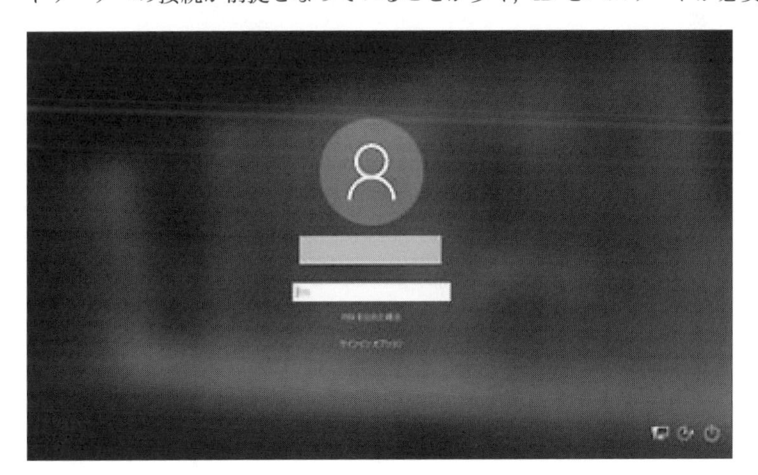

パスワードに自分の生年月日や電話番号などを利用する人も多く見かけるが，そういった安直な考え方はリスクが高まるため，意識を変える必要がある．ただ，パスワードを忘れてしまっては意味がない．他人は予想できないが，自分では覚えているキーワードのようなものを考える必要がある．

●デスクトップ

電源を入れログインをした後に Windows10 のデスクトップ画面が表示される．デスクトップは画面を机の上に見立てた，基本操作の画面であり，よく利用する，アプリケーションソフトなどのアイコンが表示される．

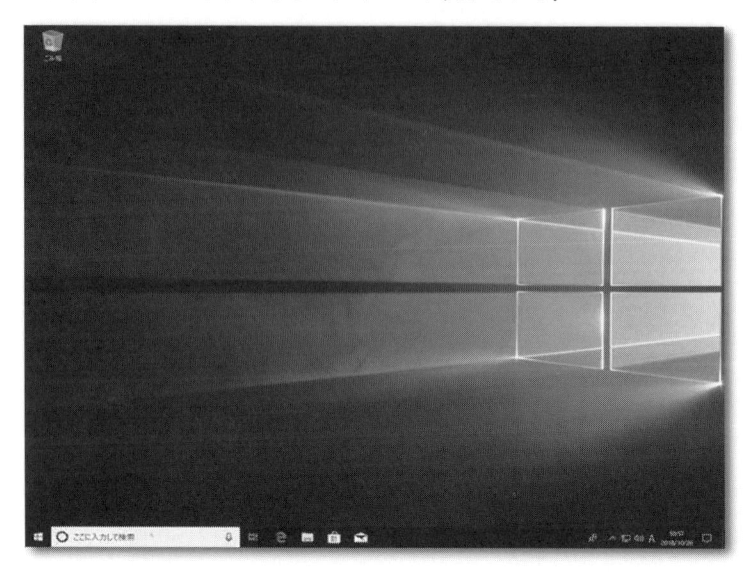

●ファイルとフォルダ

コンピュータのディスク駆動装置はドライブと呼ばれ，ドライブの中には「フォルダ」や「ファイル」がある．コンピュータに接続されている各ドライブの中には文書ファイルやプログラムファイルが保存されているが，一般にコンピュータ内部には非常に多くのファイルが保存されているため，フォルダで整理をする．

フォルダには自由に名前を付けることができるので，関連のあるデータをまとめたりすると便利に効率よく利用できる．Windows ではプログラムやデータの入っているファイルが，ドライブ（ハードディスクや USB メモリなど）の中で，階層的に管理されている．ファイルを保存するときは，ディスクの中に作ったフォルダの中に保存する．また，フォルダの中にさらにフォルダを作ることもできる．

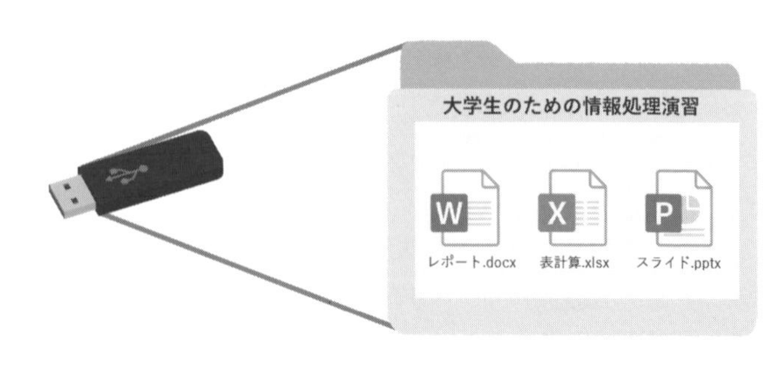

●タッチタイプ

本書では,タッチタイプを習得するための「美佳タイプトレーナー」を紹介する.画面に練習用のキーボード画面が出てくる.目はこのキーボード画面でタイプしたいキーを確認し,指は手探りで実際のキーボード上のキーを探す作業をすることで,キーボードを見ずに打てるようになる.確実にホームポジションを指に覚えこませ,最小限の動きを指が覚えるまで復習をし,修得を目指そう.

タッチタイプの練習は毎日少しずつ行うほうが効果的である.目安として,30分～1時間位の練習を行い,疲労を感じたら少し休むほうが良い.長時間練習を続けても,集中力が低下して効果は上がらない.無理なく継続して練習していくことを勧める.

姿勢に関して,まずは椅子の高さを調整してディスプレイは見下ろす位置にあるようにする.そして,キーボードの高さは,指をホームポジションに乗せたとき,肘が90度より少し大きくなるようにする.椅子に座った時に背筋を伸ばし,両足は床にしっかり着ける.目とディスプレイは適度な距離を保ち正面で見るように心がける.

▶タイピングの姿勢

1. イスの高さを調整する
2. イスに深く掛け,背筋を伸ばす
3. ホームポジションの位置に手を置く

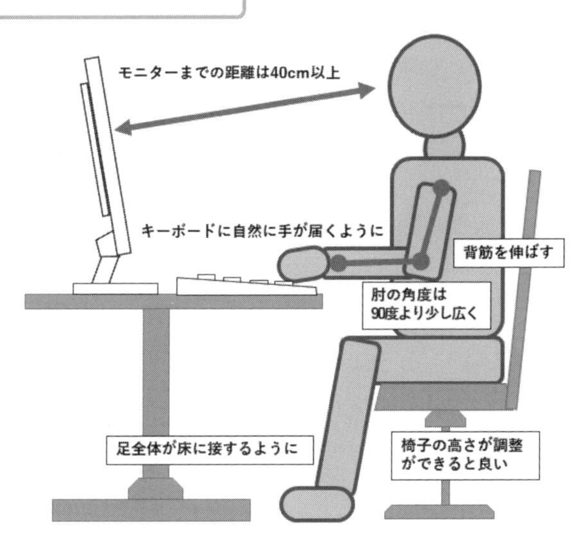

タッチタイプ練習ソフト（美佳タイプトレーナー）

美佳タイプトレーナーはパソコンのキーボードのタッチタイピングを練習するためのソフトである．タイピング自体がうまくできない，早くタイピングを上達させたい人のための無料ソフトである．アルファベットがどこにあるのかキーボードの位置（キーポジション）を正しく覚え，練習を繰り返すことで上達が期待できる．

練習方法

キーボードの位置を正しく覚えるポジションを完璧にして，ローマ字単語練習へ移ることを勧める．本書では，ポジション練習を中心に紹介していく．

▶ポジション練習

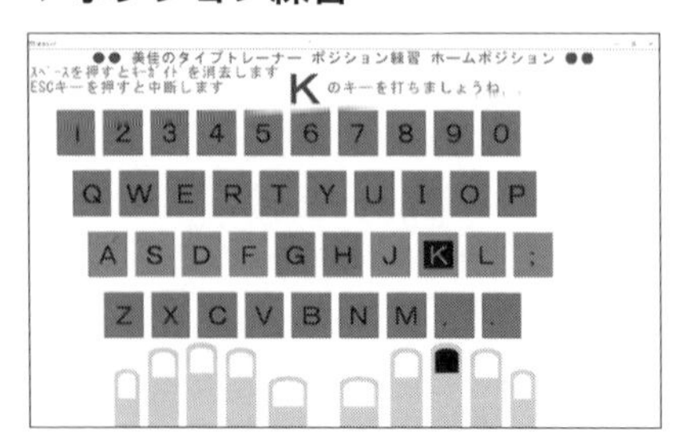

▶ローマ字単語練習

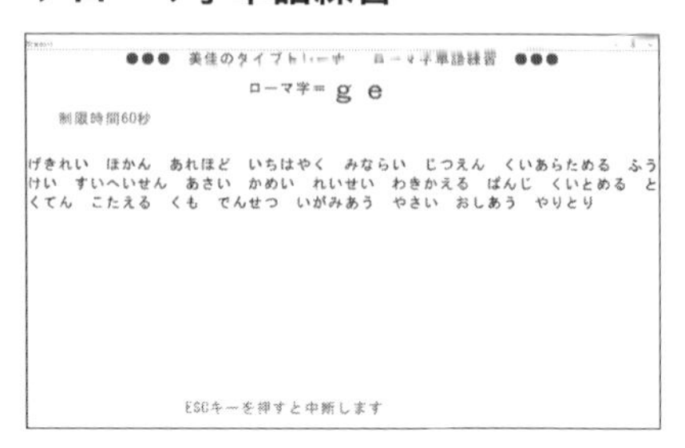

ホームポジション練習

まずは，正しい指の位置を覚えよう．ホームポジションに両手の８本の指を置けば，放射線状にどこへでも指を運ぶことが可能になる．比較的動かしやすい人差し指には，たくさんのキーが割り振られている．キーを押したら素早くホームポジションに戻り，元の構えに戻すことを心がけよう．この意識がタッチタイプをマスターするのに最も大切な秘訣である．

▶ホームポジション

両手の人差し指を置いたら，それぞれ隣のキーに中指，その隣には薬指，そして小指と置く．この位置をホームポジションと呼ぶ．この 8 つのキーに正しく指が来るように練習から始める．

左手の小指，薬指，中指，人差し指は「A，S，D，F」右手の人差し指，中指，薬指，小指は「J，K，L，;(+)」

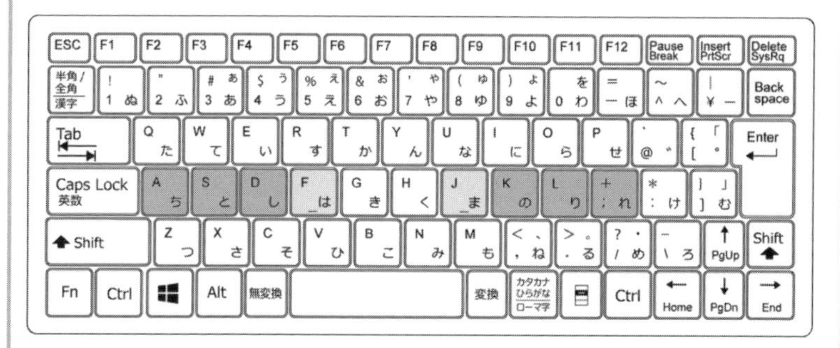

F と J の間にある「G」と「H」は, 人差し指を 1 つずらして打つ．つまり，G は左手人差し指で，H は右手人差し指で打つ．G と H を打った後は，人差し指を必ず F と J に戻すことを意識しよう．

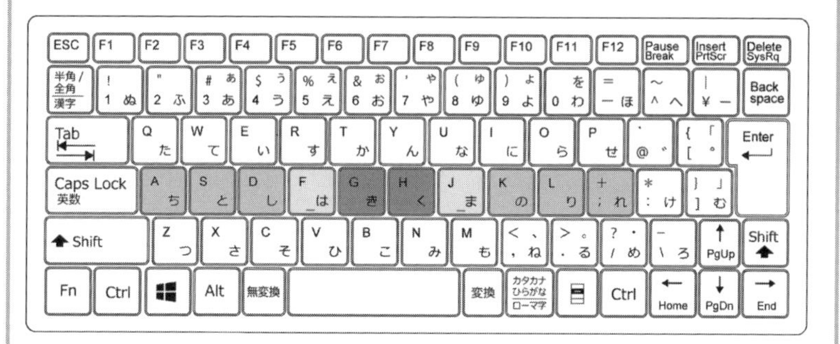

▶上一段

ホームポジションが正しくできるようになったら，次は 1 つ上の段の練習をする．ホームポジションから軽く左上(T は右上)に指をずらして，キーをタッチする．Q キーは左手小指，P キーは右手小指，W は左手薬指，O は右手薬指，E は左手中指，I は右手中指，R は左手人差し指，U は右手人差し指，で打つ．T は左手人差し指，Y は右手人差し指で，G や H キーの時と同じ要領で上にずらした 1 つ隣をタイプする．

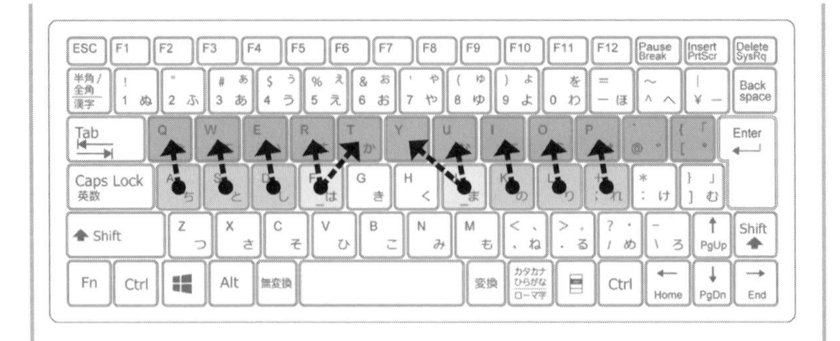

▶**下一段**

下の段はホームポジションから軽く右下（Nは左下）に指をずらし，キーをタッチする．左手人差し指がVキーに，右手人差し指がMでタッチする．Zキーは左手小指，Xは左手薬指，「.」は右手薬指，Cは左手中指，「,」は右手中指，で打つ．Bは左手人差し指，Nは右手人差し指で，GやHキーの時と同じ要領で下にずらした１つ隣をタイプする．

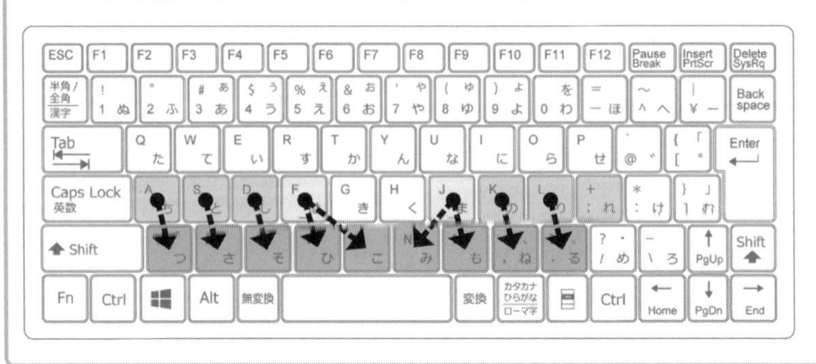

●インターネットの利用

インターネットとは，「複数のコンピュータネットワークが接続された大きなネットワーク」の総称である．ネットワークプロトコルと呼ばれる，通信上のルールに従って，世界中のコンピュータを相互接続し，企業，学校，研究機関など世界中の大小のコンピュータネットワークが互いに繋がっていったものを，インターネットと呼んでいる．最近では，スマートフォンなどの普及で日常のものとなり，電子メールやSNS（Social Networking Service）を中心に，私たちの生活に浸透している．

インターネット上の情報は，通常 HTML(HyperText Markup Language) という言語で記述されており，それを閲覧するにはブラウザと呼ばれるソフトが必要である．ブラウザには「Edge」「GoogleChrome」「Safari」「FireFox」などがある．

最近ではインターネットでの情報検索が当然のようになり，インターネットの普及にともなって，情報量も膨大化しているため，検索における高速性が要求されている．また，情報検索の流通範囲が拡大しているため，的確に，欲しい情報に辿り着くために，情報を絞り込むテクニックも必要とされている．

▶絞り込み検索

キーワードをスペースで区切り絞り込んでいく方法．すべてのキーワードを含む「AND 検索」，いずれかのキーワードを含む「OR 検索」，除外キーワードを指定し検索する「マイナス検索」などがある．

▶フレーズ検索

指定された部分が単語に分解されずそのままのフレーズ（文章）で検索する方法．フレーズ検索をする場合は，「"単語に区切らずフレーズのまま検索する"」のように，ダブルクォーテーションでくくる必要がある．

1.1.2 コンピュータの仕組み

コンピュータの仕組みを理解することは，コンピュータというツールを活用するうえで重要である．コンピュータの中身はいわばブラックボックスであるが，この箱の中で何をやっているのか，概念だけでも理解し，認識できるようにしておこう．

●コンピュータの構造と仕組み

コンピュータは，入力装置，記憶装置，演算装置，制御装置，出力装置の主要機能で構成され，これらをコンピュータの 5 大装置と呼んでいる．

1. 入力装置 ──▶ マウス，キーボード，スキャナ
2. 記憶装置 ──▶ メモリ，ディスク（SSD，HDD など）
3. 演算装置 ┐
4. 制御装置 ┘──▶ CPU（Central Processing Unit：中央演算装置）
5. 出力装置 ──▶ ディスプレイ，プリンタ

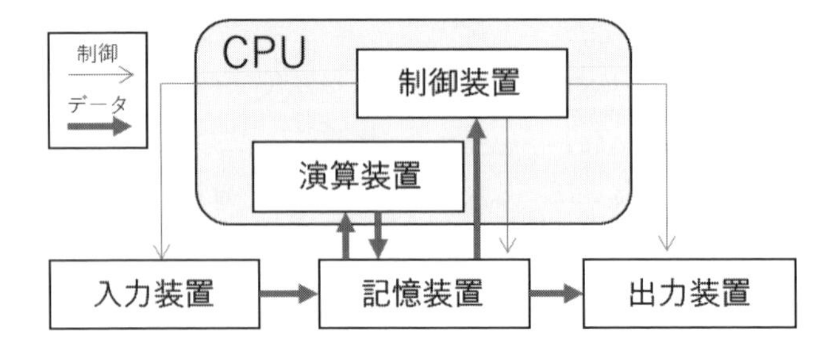

コンピュータには膨大な数のスイッチがあり，スイッチの「OFF」と「ON」の切り替え，それらの組み合わせによって複雑な処理をしている．「OFF=0」「ON=1」とし，「0」と「1」の 2 進数計算をしている．

メモリやハードディスクなどに保存されるデータの最小単位は 1bit（ビット）である．bit とは，「コンピュータが扱うことのできる（0, 1 という）情報の単位」を示し，8bit 単位で 1byte（バイト）と呼ぶ．8bit で，2^8=256 通りの情報パターンが可能になり，英数字はこの 1byte（256 通り），日本語は 2byte（256×256 通り）のサイズになる．データ単位は大きくなると，K（キロ）や M（メガ）の単位を使う．また，

コンピュータでは2進数で計算を行う．1KBは2の10乗で1024となる(2×2×2×2×2×2×2×2×2×2 = 1024)．一般的な数字の桁が増えたときに区切る単位(国際単位系:SI)は，1000倍ごとに単位が変わるが，コンピュータ上では1Kを1024として扱う．そのため，ディスクの製品情報の容量(SI単位で表示)が，コンピュータ上の容量と異なる表示(製品情報より少ない表示)になる．

8bit=1byte（バイト） ← データの最小単位

1024	byte	=	1	KB	（キロバイト）	千
1024	KB	=	1	MB	（メガバイト）	百万
1024	MB	=	1	GB	（ギガバイト）	十億
1024	GB	=	1	TB	（テラバイト）	一京

＊テラバイト以降は，ペタバイト→エクサバイト→ゼタバイト→ヨタバイト

●ハードウェアとソフトウェア

パソコンは「ハードウェア」と「ソフトウェア」の大きく2つに分かれる．

▶ハードウェア

目に見える機械の部分をハードウェアといい，本体・ディスプレイ・キーボード・マウス・プリンタ等がこれにあたる．

▶ソフトウェア

ハードウェアに対して目には見えない，手で触ることのできないもので，コンピュータを動作させるプログラムのことをいう．

macOS

ハードウェア

●ソフトウェアの種類

コンピュータを動作させるためのソフトウェアとして，基本ソフト(OS)と応用ソフト(アプリケーション)がある．OSは基本となるシステムソフトウェアで，パソコンではWindowsやMac，スマートフォンではiOSやAndroidが搭載されていることが一般的である．OSはハードウェアを動かすために必要なプログラムである．一方，アプリケーションは特定の目的をもった具体的な作業をするためのソフトウェアで，動作の基本となるOSの上にインストールして利用する．さらに，アプリケーションが動作するにあたり，ネットワーク上の他サーバやデータベースとのやり取りなど，普遍的で面倒な手続きを要するものがある．これらとのやり取りの手順や管理をその種別単位にまとめ，ひとつの機能管理パッケージソフトウェアとしたプログラムをミドルウェアと呼ぶ．

▶OS（Operating System）

コンピュータの中でハードウェアを統合的，一元的に動かす基本システムであり，様々なソフトウェアが起動するための根本的な部分を担ってくれるのがOSである．

▶アプリケーション

パソコンは，多くの目的で利用するため「どのような仕事をさせたいのか？」をプログラムで準備する必要がある．そういったプログラムがアプリケーションである．文書を作成したい場合はワープロソフト，絵を描きたい場合はグラフィックソフトと用途に応じて使い分けることができるのが，パソコンの長所でもある．

▶ミドルウェア

OSよりアプリケーションのレベルに近い機能を提供する一方，アプリケーションが作動する土台となる視点からはOSに近い存在と言える．たとえば，Webサーバの通信，データの保存・検索，データベース管理システムなどの役割を担うソフトウェアが代表的である．

1.1.3 コンピュータネットワーク

最近では，何気なく利用しているパソコンやスマートフォンは，世界でつながるコンピュータネットワークを構成する1台のコンピュータとして稼働していることが当然となっている．ここでは，コンピュータとネットワークの仕組みとサービスを説明する．

●コンピュータネットワーク

ネットワークの最小規模の単位としてLAN (Local Area Network) がある．LANは，大学内や企業内などの限られた範囲（狭い地域）にある複数のパソコンや周辺機器を，私設の専用回線で接続したネットワークのことである．また，その規模を広げ，複数の大学や企業などを結んだネットワークをWAN (Wide Area Network) と呼ぶ．そして，それを世界規模に広げたものがインターネットになる．他にも都市規模で構築したMAN (Metropolitan Area Network) と呼ばれるネットワークもある．

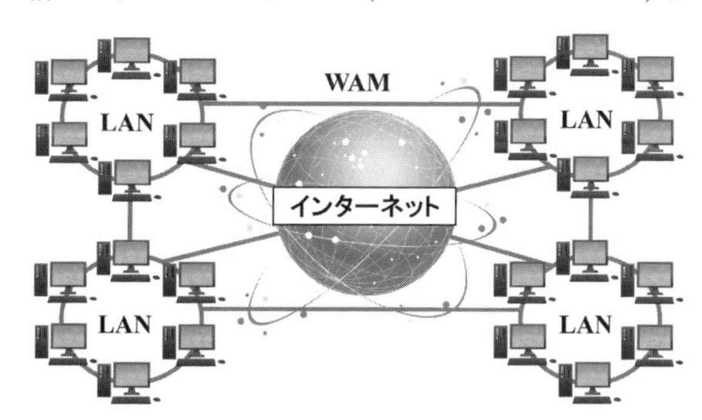

●クライアントサーバ方式

クライアントサーバ方式とは，コンピュータをサーバとクライアントに分け，役割分担をして運用する仕組みのことである．ネットワークの世界では，情報を格納し，提供するコンピュータを「サーバ」，ネットワークに接続され，サーバから情報を受け取るコンピュータを「クライアント」と呼ぶ．現在のインターネットサービスのほとんどが，この仕組みを利用している．インターネット上のクライアント同士で直接ファイルのやり取りをするP2Pというシステムもある．P2Pは，次世代のネットワークの利点を最大に活用できる形態として高い可能性を十分に持っている．

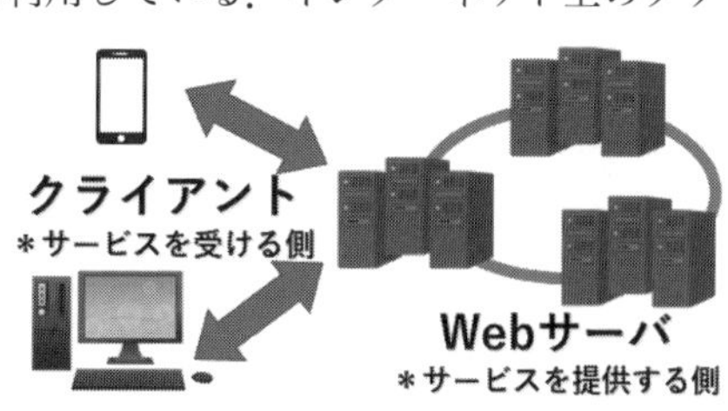

●インターネットの仕組み

インターネットで情報を検索する場合，まず所在を示すホームページアドレス(URL：Uniform Resource Locator)を知る必要がある．さらに，目的の URL を探すために，それぞれのサーバに割り振られている IP アドレスをコンピュータが問い合わせる．この IP アドレスは，世界中で通用する住所のようなもので，図のような数字の組み合わせによって表記されるのが一般的であり，インターネットアクセスを管理するために利用される．

IPアドレス　IPv4の表記例　**192 . 168 . 0 . 1**

＊今後は新たな規格であるIPv6（version.6）に移行

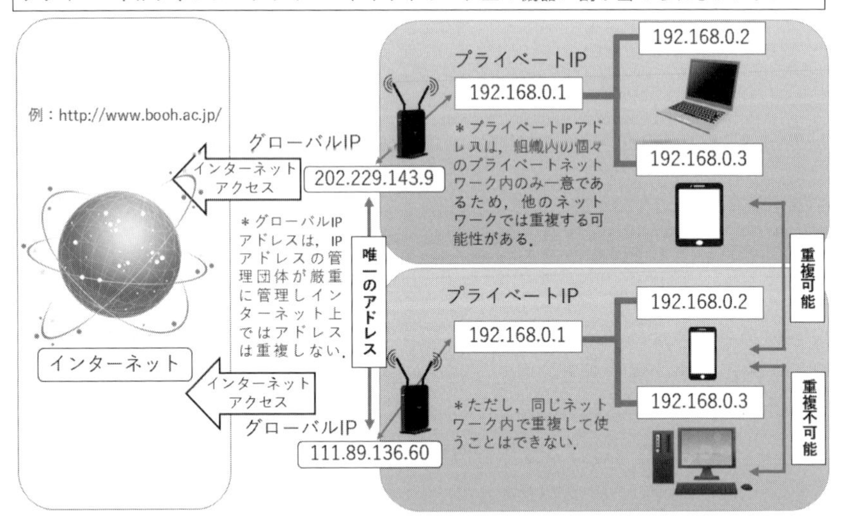

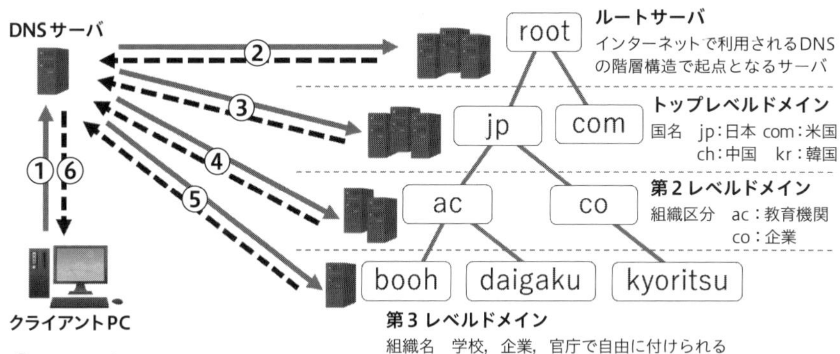

① — http://www.booh.ac.jp をリクエスト
② — jp サーバを確認
③ — ac サーバを確認
④ — booh サーバを確認
⑤ — ホスト名 www の IP を確認
⑥ — 応答

DNS では，問い合わせを行うためのサーバがルートサーバから下位サーバに対し反復的に名前を問い合わせることで，すべての名前空間に対する問い合わせに対応できる．また，DNS サーバへの問い合わせによって得た結果を一定時間記憶しておく仕組み（キャッシュ）が実装されている．キャッシュが有効の間に同じ問い合わせがあった場合，サーバでは再度問い合わせをすることなく，自分が持っているキャッシュの内容を回答する．

上述のように，インターネットに接続しているサーバの IP アドレスは，人間が覚えやすく使いやすい「名前」で指定できるドメイン名になっている．この仕組みを実現するのが DNS（Domain Name System）である．DNS は，インターネットの重要な基盤技術の一つで，ドメイン名と IP アドレスの対応付けをするためのシステムである．

●検索エンジンの仕組み

検索エンジンは，サーバにデータベースと呼ばれる共有データの集合体があり，データベースの中から情報を検出する仕組みになっている．また，その情報データベースの構築方法を元に大きく分けて，「ロボット型」と「ディレクトリ型」の 2 種類の検索エンジンがある．

▶ロボット型

「ロボット」と呼ばれるソフトウェアがインターネット上の情報を収集し，自動的に情報データベースを構築する検索エンジンである．

特徴：情報が比較的新しい，情報量が多い，質の低い情報も含む

▶ディレクトリ型

人間の管理，制限の元，ユーザにとって有益であると認められた情報のみを「カテゴリ」と呼ばれるデータベースに登録し構築した検索エンジンである．

特徴：情報が無駄なく整理，絶対的な情報量が少ない

キーワード検索をする時に，できるだけ効率よく欲しい情報を手に入れるためには，「絞込み検索」や「フレーズ検索」などのテクニックは必須になる．また，検索エンジンによって特別なオプションが付いている場合もある．それぞれの検索エンジンの特性を活かす工夫をすることで，効率よく情報にたどり着くことができるであろう．

●クラウドサービス

クラウドサービスは，インターネット経由でユーザにサービスを提供するサービス形態のことである．利用者がソフトウェアやデータの物理的な保存場所を意識せず「雲に隠れたコンピュータからの提供」というイメージから，この名がつけられたともいわれている．

クラウドサービスでは，コンピュータ上で利用していたデータやアプリケーションのサービスを，インターネット接続環境のある端末経由で提供を可能にする．以前は，コンピュータのハードウェア，ソフトウェア，データなどを，自身で保有・管理し利用していた．しかしクラウドサービスを利用することで，これまで機材の購入やシステムの構築，管理などにかかるとされていた様々な手間や時間の削減をはじめとして，業務の効率化やコストダウンを図れるというメリットがある．

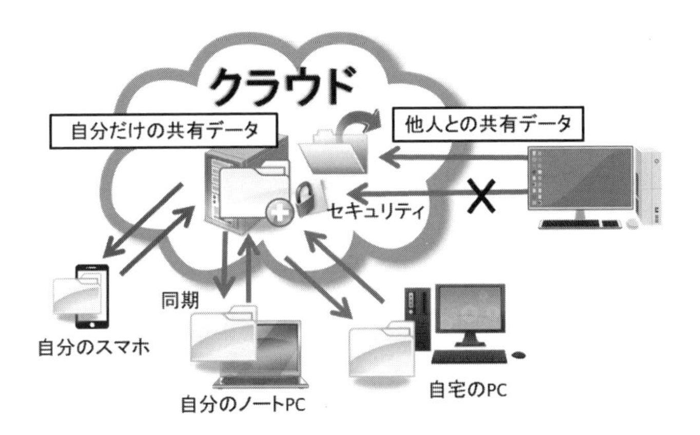

●電子メールサービス

電子メールを利用する場合，大学や会社などから発行されたメールアドレスが必要である．メールアドレスは，「アカウント」と「ドメイン」から構成されている．「yuna-chan@booh.ac.jp」というメールアドレスがあったとする．この場合，「yuna-chan」がアカウントになり，手紙では名前にあたる部分になる．@をはさんで，「booh.ac.jp」は所属を示すドメインである．ちなみに，「ac」は学校組織，「jp」を日本を示す．

メールアドレスの構成

yuna-chan@booh.ac.jp

yuna-chan who belongs to booh University in Japan

●CMCのサービス

インターネットを介したコミュニケーションをCMC（Computer Mediated Communication）と呼び，一般的なCMCには，電子メール，テレビ会議（Web会議システム），SNSなどがある．Web会議システムは，Google Meet，Microsoft Teams，Zoomが代表的であり，映像と音声でリアルタイム（同期的）に会話ができる．一方，電子メールやSNSはテキストメッセージで非同期的なやり取りが一般的である．代表的なSNSには，Facebook，Twitter，LINEなどがある．

CMCとは，2台以上のコンピュータを介して（特にインターネットを経由して）行われるコミュニケーションで，同期・非同期に関わらず，幅広い意味で使われる．

現在の若者は，インターネットやスマートフォンなどのデジタル機器の利用が当たり前の環境で育ってきた世代で，デジタルネイティブと呼ばれる．一方，アナログ時代を経験した後に，デジタル機器に触れた世代をデジタルイミグラントと呼ぶ．どちらの世代も，現在の多様なCMCが存在する複雑な環境になるため，彼らの中で多重化された意識やルールが存在し，それらを適宜選択しながら生活する必要がある．

1.2 ネットワークリテラシーとセキュリティ

インターネットの普及によって，離れた場所にいても様々な情報をやり取りすることが日常的に行われるようになった．そのため，個人や企業を問わず，コンピュータへの侵入や情報の盗難，データの改ざんといった被害に遭う危険性が高まってきている．また，最近では，企業や組織が保有している個人情報などのデータが外部へ漏えいしてしまうというトラブルも数多く発生している．企業や組織として，データの管理方法などのルールを策定し，その遵守を徹底しなければならない．

また，現実社会において，暴力行為や泥棒といった多様な犯罪があるのと同じように，情報通信技術が発達した社会にも，情報の盗難やコンピュータシステムの破壊といった犯罪がある．さらに，火事や地震，雷といった災害から機器や情報を守ることも，大切な情報セキュリティ対策として検討する必要がある．これらの情報セキュリティ対策は，インターネットなど情報通信技術への社会の依存度が高まるにしたがって，ますます重要になってきている．

こういった犯罪から利用者を守るために不正アクセス防止法や個人情報保護法などの法律が整備されている．しかし，インターネット犯罪のトラブルから身を守るためには，ネットワークセキュリティに関わる知識を理解し，トラブル回避の方法や対策を考える必要がある．

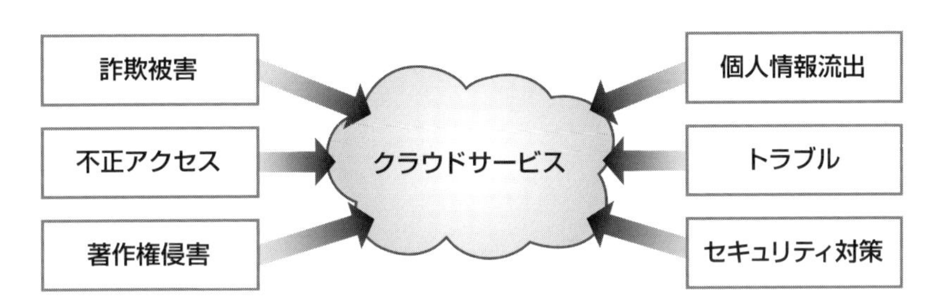

1.2.1 情報安全のための知識

インターネットが公共の情報通信手段であると考えて，まず利用者自らが正しい利用法や作法を身につける必要がある．自分が情報発信できる立場になって，その情報が有害か，有害でないかを判断することは決して簡単なことではない．インターネットの利用者は改めて考え直す必要があるだろう．

●時間的・空間的な変化

高度情報化社会では，e ラーニングや外出先を選ばないで仕事ができるテレワークが普及してきた．現在の多様な CMC が存在する複雑な環境になり，人々はそれらを都合よく適宜選択しながら生活を送れる世界になったように思える．この社会では，技術の進歩により，時間や空間，情報量の側面からの著しい変化が確認されている．一方，技術の進歩によるメディアや環境の変化があったとしても，普遍的な倫理を持つ必要はある．しかし，残念ながら，現状では利用する側の身勝手な意識やルールが存在し，倫理的な部分は統一されていないように思える．将来的にはインターネットの意義をもう一度考え直し，情報の特性を理解するだけでなく，目的や場面に応じた手段を考えていく必要がある．

●組織のルールと情報倫理

インターネットサービスは，個人で利用する場合，その人に合わせた環境を提供してくれる．しかし，学校や会社など複数の人が共有するコンピュータやインターネットの場合は，個人の好みに合わせて利用環境を変更することはできない．他人と共有する環境では，その組織で決められた設定のまま利用するルールが存在する．

情報とは社会で流通してはじめて大きな意味を持つ．しかし，それを扱うことについては，社会を円滑に発展させるために考えられた様々なルールがある．特にコンピュータとそのネットワーク上で共有する情報は，その伝達が高速であり多重的であるため，その影響が地球規模に広がる可能性がある．こういったことを考えると，これまで以上にその取り扱いには注意が必要である．

現在の情報社会の形態では，コンピュータを介した広範囲な人間社会を構成している．一人ひとりの利用者が守るべきルール，つまり情報倫理を理解し厳守したうえで，ネットワーク社会を渡り歩かなければならない．現代社会において守るべき情報操作における規則や情報倫理について，大きくは，倫理的・法的な規則と，システムセキュリティ上の問題への対処法の２つを理解する必要がある．情報や情報システムを上手に活用して，生活を実り多いものとするために，これらの守るべきことにいつも注意を払い，誤ちを起こさないよう行動しよう．また事故に巻き込まれないよう，防衛的に行動することも心がけよう．

●著作権

著作権とは絵画や音楽といった表現物を，勝手に人に利用されないよう守る権利のことを言う．制作した人がプロでもアマでも関係なく，作った本人が権利を主張することが可能で,制作が完成した時点で権利が発生する．主に著作権によって保護される対象としては，写真，プログラム，絵画，音楽，小説，映画，脚本，論文などである．保護の期間は，著者が生存している間であるが，経済利益のために譲渡した場合は，制作者の死後 50 年，映画などは公開後 70 年とされている．ただし，教育機関・個人的な範囲内における複製，出典を明確にした引用などは，例外的に著者に許諾を得ることなく利用できる．

1.2.2 ネットワークセキュリティ

ネットワークは，その種類によって安全性，つまり「セキュリティ」という考えが必要になる．しかし，世界中のネットワークとコンピュータが接続しあうインターネットは，基本的には安全を見張る「管理者」がいないネットワークになる．そのため，利用者一人ひとりが，セキュリティに対しての意識を持ち重要性を考える必要がある．

●インターネットの危険性

インターネットは，不特定多数の人が利用することをよく認識する必要がある．そのため，個人情報，プライバシーという面でも注意が必要である．たとえば，SNS やホームページに公開した個人情報が元で被害にあう可能性もあり，ストーカー行為などの犯罪に巻き込まれる危険性もある．また，パソコンやスマートフォンのようなインターネット端末は，システムの故障やソフトのバグなどのセキュリティホール（プログラム上の欠陥）が存在し，必ずしも安全性が完璧ではないという認識が必要である．

▶**長所＝リソース共有**
① 仕事の効率化 ⇒ 無駄な作業が減る
② 費用削減 ⇒ メディアやプリンタなどの無駄が減る
③ 情報共有 ⇒ いつでもどこでもアクセスできる

▶**短所＝ネットワークの脅威**
① コンピュータの破壊 ⇒ ウイルスがプログラムを破壊
② 感染による二次被害 ⇒ 他のコンピュータへの被害
③ さらなる被害 ⇒ 個人情報流出など

●ウイルスとスパイウェア

「ウイルス」は，不特定多数のコンピュータへの破壊を目的としている．ウイルスの大きな特徴は，ウイルスが他のコンピュータへと感染・増殖し，さらに感染を拡大(勝手にウイルスメールを送信するなど)するのが特徴である．

「スパイウェア」の多くは企業が作成したマーケティング利用を目的としたものも含まれる．プログラムを利用した人や会社のホームページを見た人のパソコンの履歴情報を収集するなどの操作を行う．合法のマーケティングを目的としているプログラムだけでなく，暗証番号などのキーボード操作の履歴を保存するような，犯罪を目的としたプログラムもある．

スパイウェアは，ウイルスのように増殖したり，コンピュータを破壊するような被害を与えることはしない．しかし，コンピュータが不調になるケースもあるが，多くの場合は自覚症状が現れにくいため，利用者は気づくことが少なく，そのまま使い続ける．しかし，個人情報を奪われて犯罪に利用されれば，利用者は大きな被害を受ける．

●個人のセキュリティ対策

インターネット上には，数え切れないほどの情報がある．その中には，良質のものもあれば，悪意のある情報も存在する．たとえセキュリティ対策を十分にしてあったとしても，個人情報が抜き取られるケースは少なくない．インターネットを利用する時には，セキュリティ対策も必要であるが，それぞれの利用者が意識して注意することが必要がある．それでは，具体的な個人の対策例について説明する．

①サービスの安全性の確認

たとえば，インターネットでクレジットカードを利用する時には，信頼できる購入先のみでクレジットカードを利用するようにして，インターネット上で安全な通信が可能な「SSL (Secure Sockets Layer)」という暗号化技術を使っているかどうか確認したほうが良い．

②プログラムのダウンロード

悪質なサイトと知らず，安易にプログラムのダウンロードをすると，悪意のあるプログラムがインストールされてしまうことがある．こういったプログラムがインストールされると，気づかないうちに個人情報や電子マネーなどの情報が漏洩し多大な被害を発生させる危険性がある．

③ CMC の添付ファイル

CMC の添付ファイルが悪用され「コンピュータウイルス」が一緒に送られてくることもある．基本的には，添付されたウイルスファイルを開かなければ感染することはない．

●組織のセキュリティ対策

組織のセキュリティ対策は，「論理的セキュリティ対策」と「物理的セキュリティ対策」に分類される．物理的セキュリティ対策は，災害・事故被害への対策や不審人物の侵入への対策である．論理的セキュリティは，セキュリティ対策を考える際に非常に重要であり，「人的セキュリティ」「管理的セキュリティ」「システム的セキュリティ」の点から検討する必要がある．

また，組織では，データの漏洩を防ぐ「機密性」，データの改変を防ぐ「完全性」，システムの停止を防止する「可用性」を確保・維持していくことが重要である．

■ 3つの要素を満たし安全性を確かめる

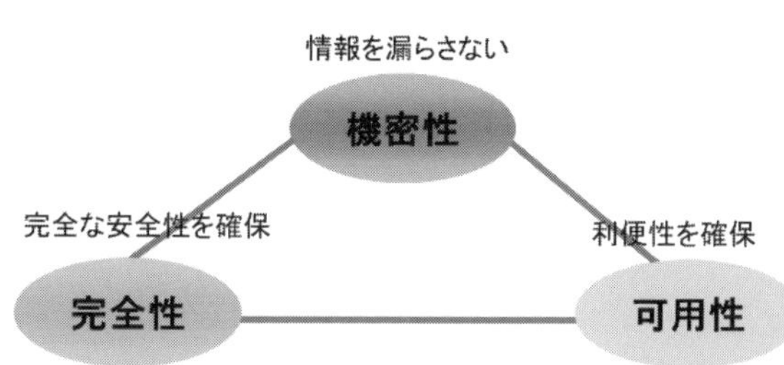

企業や組織においては，情報管理担当者だけでなく，一人ひとりの利用者が情報セキュリティに対する適切な知識を持つことを要求される．

1.2.3　セキュリティのための技術

情報セキュリティを高めるための対策として，外部からのアクセスを制限する技術や暗号化，認証といった技術がある．不正な通信を防ぐアクセス制限の技術は組織だけでなく，個人レベルの対策としても利用されている．また，暗号化は，情報漏洩や改ざんを防ぐ対策，認証技術は，データの機密性や完全性を維持するための技術として利用されている．

●アクセス権

ファイルやフォルダなどを利用する権限をアクセス権という．たとえば大学や企業など，複数の人間がコンピュータを利用する場合，ファイルやフォルダにアクセス権を設定し，特定の利用者だけが扱えるようにアクセス制限をすることがある．アクセス制限は，「読み取り」や「書き込み」を許可したり，拒否したりする設定が可能である．

●ファイアウォール

ファイアウォールは，インターネットなどの通信サービスを制限し，不正な通信を行わないように設定する機能のことである．アクセス権がないコンピュータやネットワークに入り込むことを不正アクセスと呼び，第三者による不正アクセスを検出して遮断する機能がある．

●デジタル署名と暗号化技術

情報漏洩や改ざんなどのインターネット上の脅威への対策として，暗号化やそれを利用したデジタル署名が有効である．「暗号化」とは，やり取りするデータに対して，特別な処理を行い別のデータに変換する処理のことをいう．それに対し，暗号化されたデータを元のデータに戻す処理のことを「復号化」という．デジタル署名とは，インターネット世界における自分自身を証明する署名のことで，データが改ざんされていないかを検証する仕組みである．

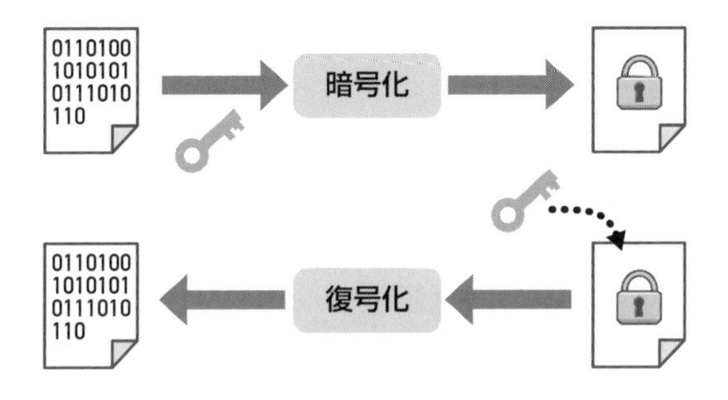

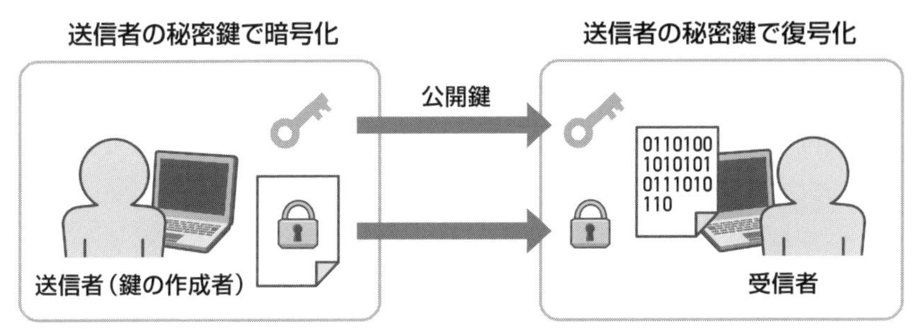

ファイルを暗号化する方法のひとつに，ファイルを zip 形式に圧縮してパスワードをかける方法がある．zip ファイルとは，複数のファイルやフォルダを 1 つのファイルに圧縮されたファイル形式である．

●認証技術

インターネットの普及が進み利用者が増えるにつれて，システムを攻撃し情報を盗むための犯罪などから身を守るために生まれたのが，利用者を ID とパスワードによって識別するパスワード認証である．現在では，従来の認証方法と比べて高度なセキュリティレベルを実現する二段階認証を推奨している．パスワード以外に，スマートフォンに送信されたコードを利用したり，パスワード以外の違う要素の認証を利用するが，そのため面倒な設定が増え，パスワードを紛失，失念など問題が後を絶たない．

Windows 10 は，以前の Windows に比べセキュリティ面で大きく改善された．特に，「Windows Hello」は，パスワード入力ではなく，個人の身体的特徴を利用した生体認証を利用している．今まではパスワード管理を行うため，煩わしい設定が必要であったり，パスワードを紛失したり，という問題があったが，それらを解決してくれる生体認証機能が用意されている．認証を行なう場合は，指紋・

静脈の他に顔・声・目などの情報を利用し，個人の情報が一致しているかをシステムで照合する．最近では，顔認証や指紋認証の技術が発達しており，このような方法でセキュリティ対策をしている．

●生体認証

生体認証は，身体的特徴などの情報を利用して認証を行う．建物や公共施設への出入りの際に，本人であるかどうかを自動的に判断するため，人間が目視で行なうよりもスムーズに確認できる．オフィスビル，テーマパーク，空港，集合住宅など多くの人間が出入りする環境で，不正利用やなりすましを防止するために役立つ．

たとえば，顔認証は，カメラによって立体的に顔の形状を識別することで認証を行う．そのため，平面の写真では認証せず，高いセキュリティを提供する．その他にも，虹彩と呼ばれる黒目の内側にある瞳孔の周りのドーナツ状の部分や，指紋を利用する認証技術が発展している．これらの部分は，他人と一致することなく，複製することも非常に困難であるため，高いセキュリティが確保できる．指紋認証は，指紋認証リーダーをパソコンに搭載（または取り付ける）ことで利用ができる．

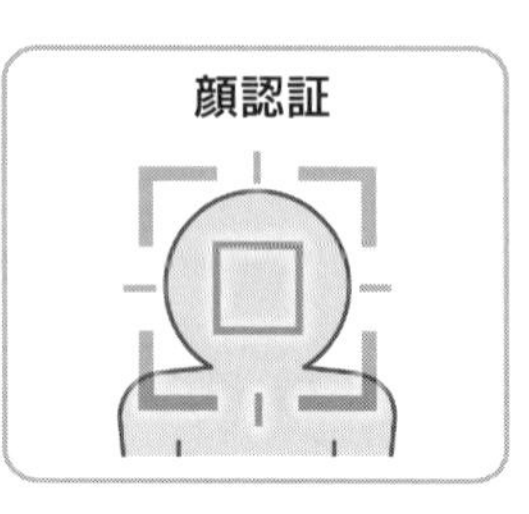

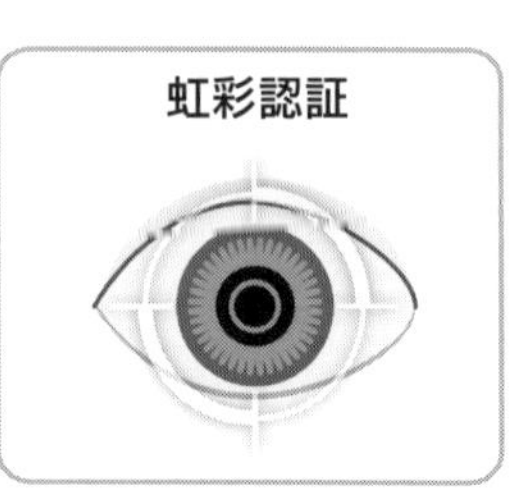

1.3 高度化する情報社会と最新技術の動向

近い将来，人工知能の普及によって社会のあり方に様々な影響が出ることが予想されている．人工知能 (Artificial Intelligence：AI) が進化し，私たちの働き方や社会は大きく変化していくが，その近未来の社会を Society5.0 と呼ぶ．

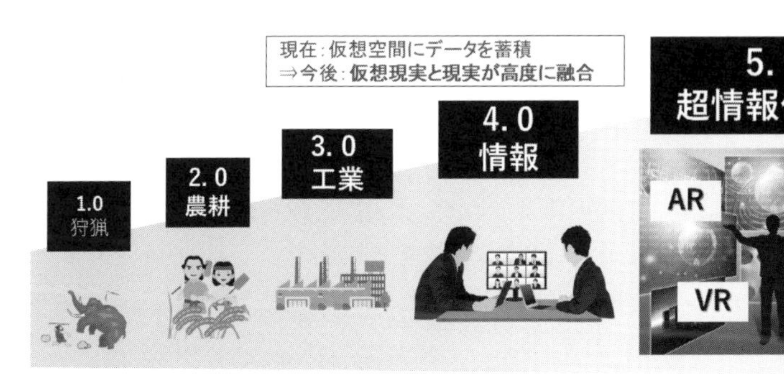

Society5.0 とは何か？　人類の歴史では，まず，獣を狩ったり木の実を食べたりする，原始時代と呼ばれる時代があった．これを Soceity1.0 と呼ぶ．そして，人間は自分たちで，米や麦をつくるようになり農耕の社会がやってくる．これが Society2.0 である．さらに，イギリスの産業革命以降に工業が発達していく．この Soceity3.0 の工業によって人間の社会は豊かになり大きく変化していく．

工業による技術の発展は，コンピュータや通信技術を生み出し，コンピュータ通信を利用する情報社会へと変化した．これが今の Society4.0 である．特に 1990 年代以降からインターネットが家庭にも普及し，情報通信技術は世界をつなげグローバル社会へ大きく貢献している．Soceity5.0 では，これらの情報通信技術がさらに高度化して，超高度情報社会が来ると考えられている．現在では，AI やロボットが進化し，Society5.0 になりつつある時期だと言われている．

ここでは，高度化する情報社会と最新技術について身近な事例を紹介しながら説明をする．

1.3.1 情報社会の高度化

今でこそインターネットは，当たり前のように私たちの生活に浸透しているが，その歴史的背景には大きな IT 革命があった．インターネットが浸透するにつれて，情報社会は高度化し「IT」から「ICT」へと続き，最近では「IoT」といった用語も使われている．これらの似た用語を理解するため，近年の事例を紹介しつつ説明する．

●情報処理と情報技術の高度化

情報社会ではデジタル化した情報を取得し，加工し，発信ができるようになった．その結果，新たな価値のある情報の創出が可能になった．このように情報を何らかの方法で処理することが，情報処理である．そして，情報技術とは，私たちの生活を高度にデジタル化することを支援する技術である．

たとえば，ショッピングを例にして考えてみよう．

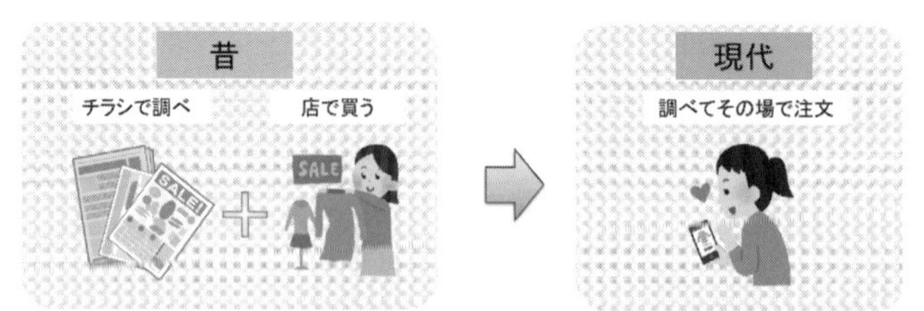

一昔前の世代では，新聞のチラシで安い商品を調べて，店まで買いに行く，といった行動が日常であった．この一連の行動を「情報処理」と考える．現在では，スマートフォンという情報技術を利用することで，調べその場で買う，といった，「調べる」と「買う」が一体となり合理化されている．現在では情報処理と情報技術が高度化し両者は切り離せない概念となっている．そして，情報処理と情報技術は通信やモノを組み合わせることにより，さらに高度化し，Soceity5.0 といった新しい時代に進んでいる．

●IT，ICT，IoT

IT，ICT，IoT は，今後もあらゆる業界，分野に影響を与えながら拡大していくと考えられている．今とはまったく異なる新しいサービスやビジネスモデルを創造し，Soceity5.0 といった未来のビジョンに必要な概念になる．

IT： Information Technology，情報技術
ICT：Information and Communication Technology，情報通信技術
IoT：Internet of Things，インターネットに様々なものを接続すること

IT はもともとのコンピュータの機能やデータ通信に関する技術のことを示している．たとえば，ハードウェア，OS，アプリケーションなどの開発である．そして，インターネットをはじめとする通信サービスが普及するにつれて ICT という言葉が生まれ，その進歩によって，人がインターネットに直接アクセスしなくても，モノが自動的にインターネットと繋がり，私たちに有益な情報を与えてくれる現状を示す言葉として IoT が使われる．

●Society5.0

現在の情報社会と何が違うの？と疑問があるかと思う．今の情報社会と，近未来の情報社会である Society5.0 がどう違うのか考えてみよう．

Society4.0 では，すでに多くの情報機器がネットワークに接続され活用されている．ただし，現状では，仮想空間上にデータを蓄積し，その情報を分析したり判断したりするのは主に人間の役割である．また，情報をもとにした行動や機械の操作も人間が指示を出すことで行っている．これからは，AI が今まで人間が行っていた仕事をしてくれる．従来人間が行っていた情報の判断分析，機械操作への指示なども AI がするようになる．大きな特徴として仮想空間と現実空間が融合して，さらにその環境を人間が活かせる時代というのが Soceity5.0 である．

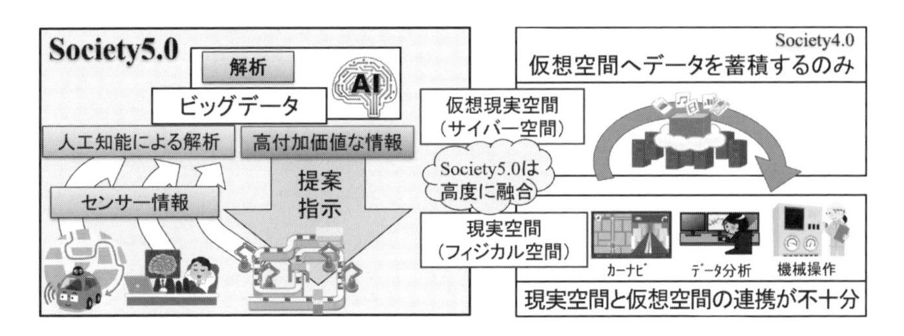

●情報社会におけるユーザの意識

現在の若者は，インターネットやスマートフォンなどのデジタル機器の利用が当たり前の環境で育ってきた世代で，デジタルネイティブと呼ばれる．一方，アナログ時代を経験した後に，デジタル機器に触れた世代をデジタルイミグラントと呼ぶ．どちらの世代も，現在の多様なCMCが存在する複雑な環境になるため，彼らの中で多重化された意識やルールが存在し，それらを適宜選択しながら生活する必要がある．そんな環境の中で，人々はCMCの同期性と非同期性を使い分けているのが現状である．

いくつかの研究では，スマートフォンの普及により，家族や友人とのコミュニケーションが希薄になっていると考えられがちな一方で，孤独感を回避するために他人とのつながりを求める，といった矛盾した傾向がスマートフォン利用の調査から見受けられる．日常では，テキストコミュニケーションを利用し，非同期的なやり取りをする傾向のようであるが，東日本大震災のような非日常的なことが起こった際には，直接声を聞きたくなり通話をするなどの，より同期的なやり取りを求める傾向にある，と調査結果では示されている．一方で，技術的な仕組みを理解した明確な回答をしている人はほんの少数であり，無意識にCMCの使い分けをしている可能性があり，デジタルネイティブにはこの傾向が強くみられることが危惧されている．

また，多くの人がFacebookやTwitterのようなSNSを日常的に利用しているが，必ずしもSNSで日記を書いたり，頻繁なコミュニケーションをしたりしているわけではないことも報告されている．特に，Twitterに関しても同様で，他の人によって投稿されたメッセージを読むために利用しているデジタルネイティブが多くを占めていた．この結果では，彼らにとって，積極的なコミュニケーションツールとしてのSNSではなく，テキストコミュニケーションの非同期性をうまく利用し，「つながっている」という感覚を求めているのではないかと推測される．

●トラブルに対応する意識

情報社会では，地方自治体ごとに災害対応のために地域防災計画が策定されている．そこでは，高額な予算を導入して情報システムが導入されているが，大規模な災害時に，その情報システムが効果的に稼働しなかったことが指摘される．大災害という状況で想定されているにもかかわらず，情報システムがうまく稼働しない理由として，人材・資源の枯渇に加え，個人個人の意識によるものに左右される，と考えられる．通信災害時は，通話規制や大量の通信の発生が起こり，安否確認の連絡等に支障が生じる．安否等の連絡ができなくなると，パニックに陥る人々も多く，実際に，災害時の特殊な状況下では，トラブルが多数発生した調査結果が出ている．しかし，情報通信技術をうまく活用すれば，大きな力を発揮できることも示唆されている．人々が情報通信技術のメリットだけなくデメリットも理解し，リスク回避や，リスクにあった場合の対応方法を学習し，適切な対応が求められる．高度な情報社会においても情報通信技術を理解し，人間は何をすべきかを考えていく必要がある．

1.3.2 情報システム

情報システムとは，必要な情報の収集・処理・管理・活用を担う仕組みである．たとえば，企業内における業務用のシステム，公共施設における情報システム，ATM，座席予約システムと様々なシステムが社会で活用されている．緊急時には，緊急地震速報など危険を知らせる技術も高度化している．

●企業の情報システム

企業で利用される情報システムは，電子メールであったり，会話をするチャットシステム，SNSのような実生活でも活用されているシステム以外に，勤怠管理や顧客情報なども電子化され，システム化されている．情報システムは，業務を見える化，自動化して，資料の保存や管理の点からも便利である．さらに，どのツールもコミュニケーションを効率化して，使い方によってはコミュニケーションの活性化にもつながる．こういった企業の情報システムは，2020年に拡大したCOVID-19（新型コロナウイルス感染症）以降，本格的に導入した企業も増え，テレワーク環境の土台となっている．

●テレワーク

テレワークは，仕事を自宅で行う在宅勤務と，サテライトオフィスのような施設などを利用した勤務の形態がある．しかし，テレワークは多様なスタイルへと変化をしている．施設に依存しない，会社がオフィスを設定しないオフィスレスや，リゾート地からリモートでつなぐワーケーションといった言葉も出始めてきた．こういった取り組みは，働く人にとってメリットがあり，社員は通勤時間の削減によりワークライフバランスが改善，また，雇用側からすると，コストの削減，また，社員のワークライフバランスの改善による生産性向上も期待されている．

●RPA（Robotic Process Automation）

RPA（Robotic Process Automation）は，オフィスワークを自動化し，業務効率化や生産性向上を実現する情報技術である．企業や自治体での導入が進み，ソフトウェアに組み込まれたロボットが人間の業務を代行する取り組み，また，その概念を指す．

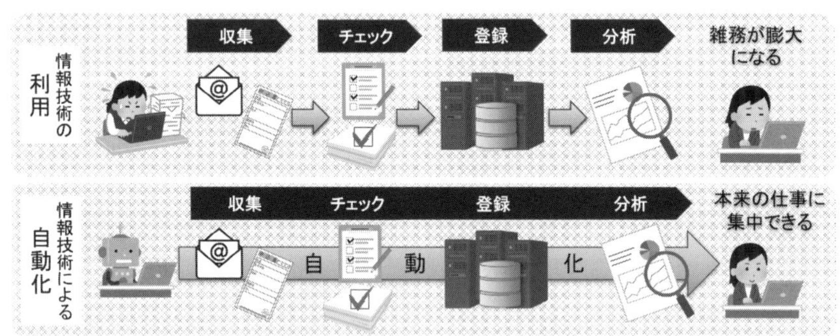

Robotic Process Automation

たとえば，顧客情報を取り扱う場合に，通常の情報技術のシステムでは，情報をメールや紙媒体から収集，チェック，そしてデータベースへ登録するといった作業が発生する．登録したデータは，再びデータを取り出して分析を行う．RPA では，これらの作業をすべてロボットが行い，人間が本来すべきその先の業務に集中することができるようになる．

●ICT による学習支援

ICT を利用した学習支援方法には，e ラーニングと呼ばれる学習形態があり，非同期型と同期型の両方とも，ICT の進展に伴い充実した教授法として確立している．非同期型は，学習者が都合の良い時間と場所で（いつでもどこでも）学習ができるシステムを利用する．同期型では，カメラとマイクを用意することで，同期的に授業を行うことができるシステムもある．たとえば，Zoom，Skype（スカイプ），Google Meet のように映像を利用した CMC が実践されている．オンライン上では，教員が学習者の状況や理解度を把握しにくくなることがあるため，同期・非同期のどちらの方法論でも，LMS（Learning Management System）と呼ばれる学習支援システムが併用されている．LMS を通じて教員が学習者からの課題や学習状況を管理することで，授業計画から，課題提示，課題採点，質疑応答，予約投稿，などの機能が利用できる．

●ICT による地域支援

Soceity5.0 のサービスで，実用段階にあるサービスもある．たとえば，遠隔医療は，Web 会議システムや遠隔操作が可能な医療機器を利用し，離島のような専門医がいない地域でも診察や医療が受けられる技術である．

また，ドローンの宅配ロボットは Amazon が試験的なサービスを始めている．無人走行バスは，日本でも運用開始を始めた地域もある．さらに，ロボットが農作業をしてくれるスマート農業は，後継者不足により，優れた農業技術が途絶えてしまう危険性などを解消する手段として，今後も期待が高まっている．

●防災情報システム

地震大国である日本は，東日本大震災をはじめとする大災害の教訓から，災害時における情報伝達手段の多様化・多重化の必要性が強く求められている．

防災情報システムの高度化を担う産業も発展し，従来心配されてきた災害時の情報通信系統の脆弱性も克服されつつある．たとえば，緊急地震速報は，地震の発生直後に，各地での強い揺れの到達時刻や震度を予想し，可能な限り素早く知らせる情報のことである．強い揺れの前に，自らの身を守ったり，列車のスピードを落としたり，あるいは工場等で機械制御を行うなどの活用がなされている．

●災害時の通信障害

大規模な災害発生時は，スマートフォンなどの基地局やアンテナが使用不可となる可能性や，通話規制により通話やインターネット通信が不安定になる可能性がある．理由は，被災地の人々が互いに行う安否確認や，被災地域以外の人が被災地の人に対して行う安否確認が多くなるからである．その結果，ネットワーク設備の交換機に処理が集中して負荷が許容量を超え，このような状態を輻輳（ふくそう）と呼ぶ．これが被災地以外の地域のネットワークにも連鎖的に広がると，大規模な通信障害に発展し，緊急通話までもがつながりにくくなる．

通話規制の実施は，この輻輳の拡大を防ぐために，各キャリア（携帯電話事業者）が実施している．東日本大震災や熊本地震においても，この通話規制でネットワーク全体への接続のパフォーマンスが大幅に低下した．多くの震災を経験した日本では，通信におけるこういった事態は予測されていたが，結果として安否の確認が取れない状況が長時間続いた．

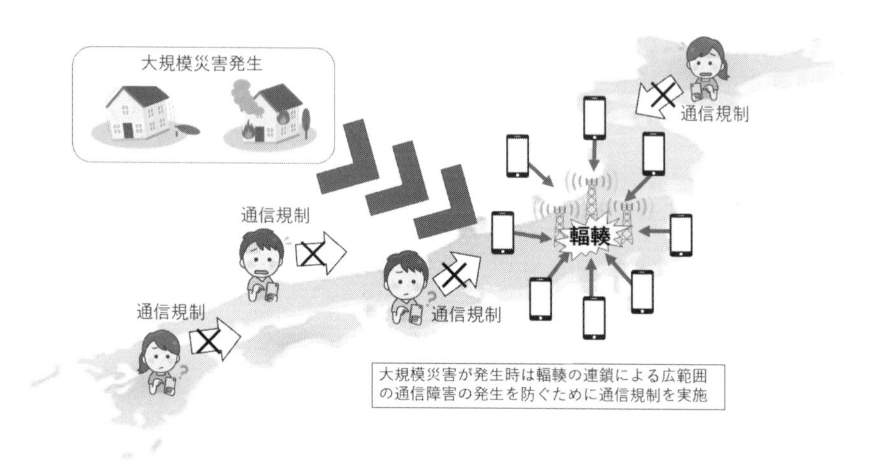

1.3.3 最新技術の動向

近年，様々な分野で最新技術が活用され，私たちの生活にとても身近な存在になっている．今後は，誰もがその技術を使って新たな創造ができる時代でもある．そこで必要となることは，今後はどう進化していくのか，を見通すための基本知識となる．ここでは，常に進化し続ける技術について，学生が知っておくべき最新技術の概要を説明する．

● VR（Virtual Reality：仮想現実）

近年，様々な分野で活用されているVR（Virtual Reality：仮想現実）やAR（Augmented Reality：拡張現実）は，私たちの生活にとても身近な存在になっている．多くのコンテンツが，スマートフォンを代表とする身近なツールが対応したことを期に，多くの企業が注目し，気軽にVRやARを楽しめるサービスが加速した．

VRはその名の通り，「目の前にある現実とは違う仮想の世界を現実のように体験できる技術」である．専用のVRゴーグルを利用することで，視界が360°の限りなく現実に近い世界に身を置いた感覚が得られるのが特徴である．近年では，ゲームや音楽のライブなどのエンターテイメントの世界が先行しており，提供されているVRコンテンツは，リモコン操作によって自分の動きを映像内に反映させることで，よりリアルな体験が得られるようになった．現地に行かなくても体感できるサービスとして，空や宇宙を飛んでいたり，有名な観光地を体験したりするサービスも増えている．さらには，どこにいても教室と同じ授業が受けられるような教育への利用，遠隔地から医療や介護の支援，また，住宅販売や広告などにも利用され，様々な分野へVRの利用が広がっている．

基本的な仕組みは，VRゴーグル(メガネレンズの部分がディスプレイになっているもの)をかけ，映像の立体視をディスプレイの液晶を右目と左目に区切って映像を分け，さらに，顔の向きに合わせて映像を表示，変化させる技術がベースである．スマートフォンをマウントするゴーグルも左右のレンズ配置の映像が見やすいように,マウントされる．VRヘッドセットにレンズにピント調整機能が備わっており，高い没入感を得られるよう工夫されている．

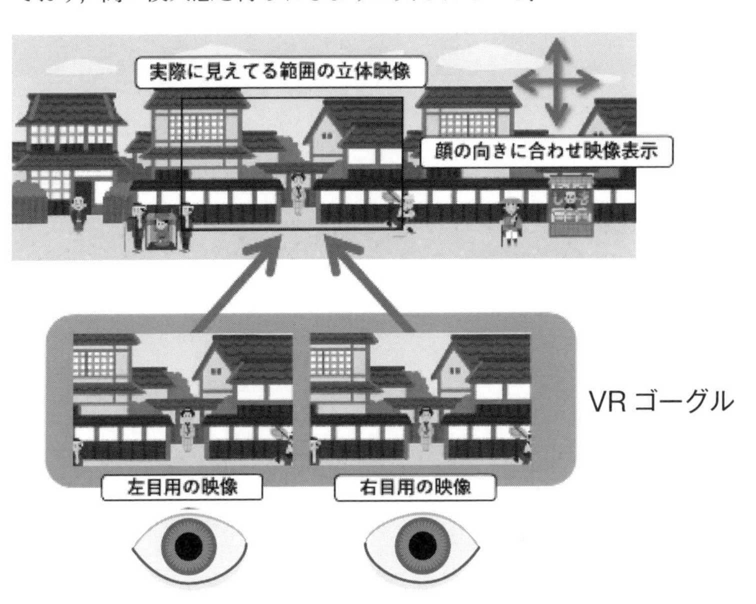

●AR（Augmented Reality：拡張現実）

ARは，「CGなどで作った仮想物体を現実世界に反映(拡張)させる技術」である．つまり，スマートフォンなどのARデバイスを通してみることで，現実世界には存在しないモノをあたかも現実世界に存在しているかのように見せる技術である．技術面から「ロケーションベースAR（位置情報型）」と「ビジョンベースAR（映像情報型）」によって，現実を拡張することを可能としている．

▶ロケーションベースAR（位置情報型）
GPSが取得した位置情報と関連付けする
磁気センサ ⇒ 方位　加速度センサ ⇒ 傾き

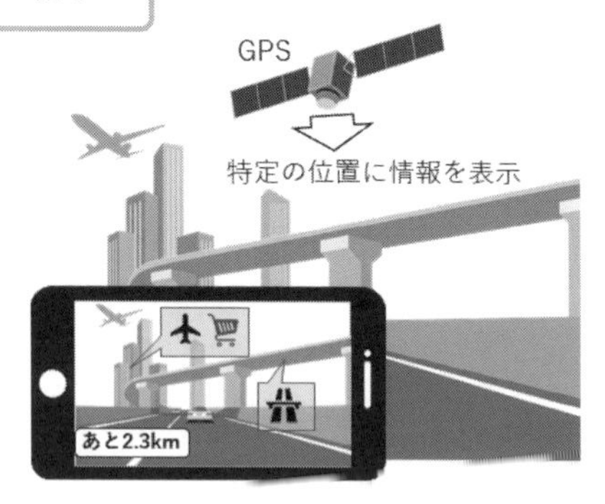

ロケーションベースARは，GPSから取得した位置情報に関連付けをして，付加的な情報を表示させる技術である．GPSの位置情報だけではなく，磁気センサや加速度センサによって，拡張されたモノの情報の角度を変え情報を提示することが可能である．特徴としては，位置情報の取得や，向き・傾きなどの取得といった要素技術が，スマートフォンなどの現状普及したデバイスやプラットフォームでは比較的容易に扱える．

▶ビジョンベースAR（映像情報型）
カメラが取得した画像や空間を認識し稼働する
マーカー型とマーカーレス型

ビジョンベースARは，画像認識・空間認識などの技術を応用して，カメラから取得した目の前にある環境を解析することで付加的な情報を表示させる技術である．マーカー型ARは，ARマーカーと呼ばれる印を認識し，付加情報を出現させる．マーカーレス型AR

は，現実の環境にある物体や環境を解析し，環境の特徴を空間的に認識し付加情報を提示させる.

●トラッキング技術

トラッキング技術では，頭や手や身体などの動きだけでなく，ディスプレイの位置や目の動きなども,搭載したセンサーで動作を検知し追跡することができる.近年,様々な分野で活用されているVRやARは,私たちの生活にとても身近な存在になっている.これはトラッキング技術が，スマートフォンを代表とする身近なツールに対応したことを期に，多くの企業が注目し，気軽にVRやARを楽しめるサービスが増加したためである.

●AI（人工知能）

近年では，あらゆる業界で人工知能(AI: Artificial Intelligence)を活用することが日常になりつつある．AIが発達していくにつれ，さらに便利で住みやすい日常が訪れ今後の発展にますます期待が高まっている.

AIは，1950年代に提唱された言葉であり，半世紀以上もの歴史を持つ，コンピューターサイエンスの研究分野のひとつである．歴史の中で様々な定義があり,これまでに2回のAIがもてはやされた時代があった．最初は，コンピュータプログラムにおける様々なアルゴリズムが考案され，明確なルールが定義されている問題，たとえば，パズルを解くなどを得意とする計算処理であった．次に，専門家の知識から得たルールを用いて特定の領域を機械に教え込むことで，問題解決をさせるエキスパートシステムが開発された.

AI技術の仕組みに関して理解するためには，コンピュータの仕組みと同様に,階層構造を知っておくと良い．コンピュータの仕組みが大きく分けて4つの階層から構成されていることは,「1.1.2 コンピュータの仕組み」で説明した.

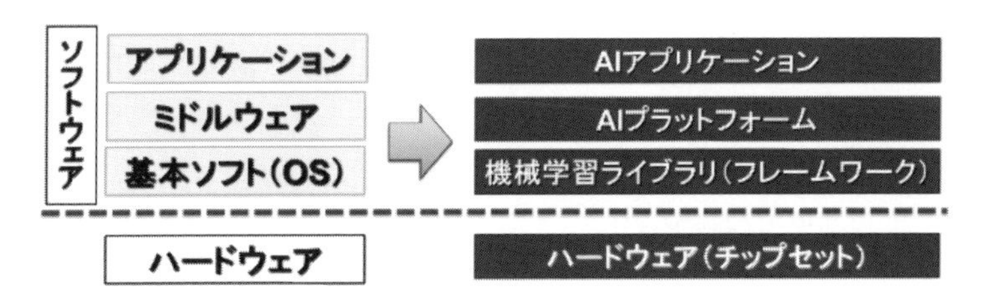

ハードウェア（チップセット）

AIは膨大な単純計算が必要になるため，CPU以外に様々なチップセットが利用される．代表的なチップセットとして，GPU (Graphic Processing Unit)，FPGA (Feld-Programable Gate Array)，ASIC (Application Specific Integrated Circuit) などがある．

機械学習ライブラリ（フレームワーク）

ディープラーニング（深層学習）を行うための機能がある階層になる．ライブラリはフレームワークとも呼ばれ，この階層のツールを利用して，ディープラーニングの学習モデルを作成することができる．

AI プラットフォーム

目的に応じたAIライブラリを利用し学習させたものを取りそろえた階層になる．たとえば，GoogleやMicrosoftなどが「画像認識」「動画分析」「音声認識」「機械翻訳」「自然言語処理」のAIサービスを提供している．

AI アプリケーション

AIプラットフォームを利用し，より具体的なサービスを提供する階層になる．「画像認識を利用した異常検知システム」などは，ひとつの例である．また，様々なAI技術を組み合わせたAIアプリケーションなどのサービスもある．

●最新技術を活かす研究

医療現場や保育の現場で利用される事例を紹介する．看護師や保育者は，360度に近い視点を意識し周りの他者と連携して，患者や子どもを観察することが必要である．しかし，新人に対してこの経験を積ませるには時間がかかり，容易ではない．そこで，この場面を利用し新人研修で疑似体験をさせる取り組みがある．VRやARを利用し施設を再現した教育研究の事例では，複数人が同期的に連携した体験ができる仮想環境の実現を目指している．

また，経験者の視点の動画の中から人間の行動を抽出して教材をまとめ，先の展開か予測しにくい幼児の行動からリスクの可能性を確定し，能動的な思考を促す教材として現場の動画を再現することは容易ではない．視線追跡（アイトラッキング）技術とAI（人工知能）の活用により，困難とされる360度の視点にわたる動画教材作成を容易にする取り組みも行われている．

アイトラッキング技術

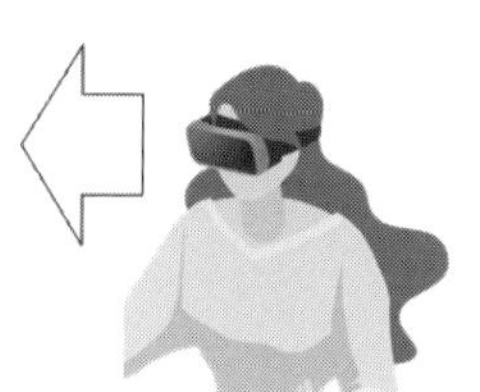

第2章 Microsoft Wordの活用

2.1 文書の作成

Word では，多彩な表現や，見栄えのよいレイアウトなどテキストエディタではできない機能が揃っている．コンピュータなどの技術的な発展とともに，その機能は進化し続けてきた．今日では，大学生活でも社会に出てからでも，このワードプロセッサを使って自分で文書を作成する機会が増えている．

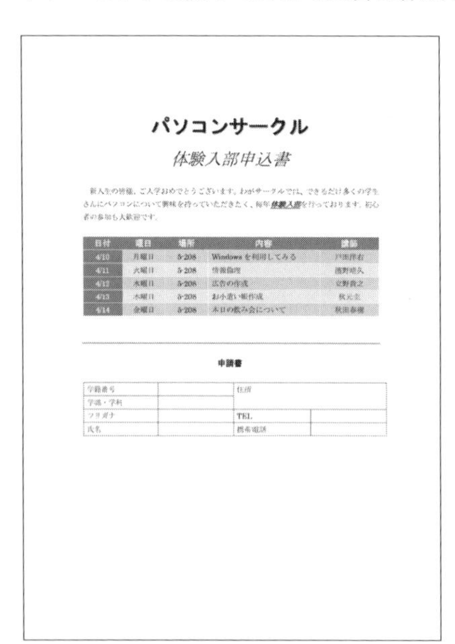

パソコンサークル

体験入部申込書

新入生の皆様、ご入学おめでとうございます。わがサークルでは、できるだけ多くの学生さんにパソコンについて興味を持っていただきたく、毎年**体験入部**を行っております。初心者の参加も大歓迎です。

日付	曜日	場所	内容	講師
4/10	月曜日	5-208	Windows を利用してみる	[illegible]
4/11	火曜日	5-208	情報倫理	[illegible]
4/12	水曜日	5-208	広告の作成	立野貴之
4/13	木曜日	5-208	お小遣い帳作成	秋元圭
4/14	金曜日	5-208	本日の飲み会について	[illegible]

申請書

学籍番号		住所	
学部・学科			
フリガナ		TEL	
氏名		携帯電話	

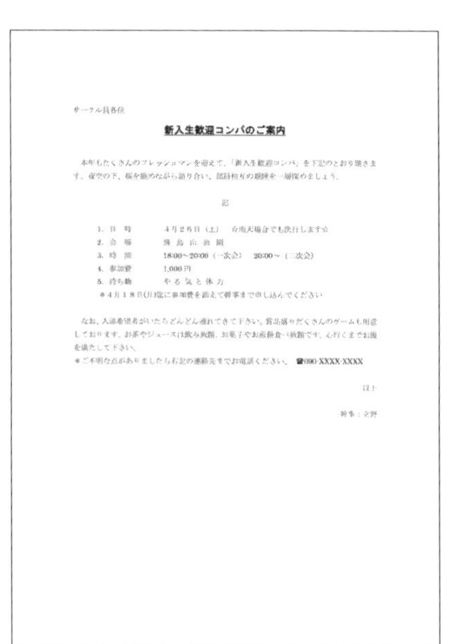

サークル員各位

新入生歓迎コンパのご案内

本年もたくさんのフレッシュマンを迎えて，「新入生歓迎コンパ」を下記のとおり開きます。夜空の下，桜を眺めながら語り合い，部員相互の親睦を一層深めましょう。

記

1. 日　時　　4月26日（土）　☆雨天場合でも決行します☆
2. 会　場　　飛鳥山公園
3. 時　間　　18:00～20:00（一次会）　20:00～（二次会）
4. 参加費　　1,000円
5. 持ち物　　やる気と体力

＊4月18日(月)迄に参加費を添えて幹事まで申し込んでください

なお、入部希望者がいたらどんどん連れてきて下さい。賞品盛りだくさんのゲームも用意しております。お茶やジュースは飲み放題、お菓子やお酒類食べ放題です。心行くまでお腹を満たして下さい。

＊ご不明な点がありましたら右記の連絡先までお電話ください。　☎090-XXXX-XXXX

以上

幹事：立野

最近市販されているワードプロセッサは，非常にたくさんの機能を備えている．しかし，これらすべての機能を覚える必要はない．大量に盛り込まれた機能の中で，頻繁に使用するものはそれほど多くないからである．また，頻繁に利用する機能は，たいていのワードプロセッサでは使用方法が共通化されている．まずは，その共通化された機能を少しずつマスターし，必要に応じて多くの機能を使いこなしていくようにしよう．

2.1.1 文章と特殊文字の入力

Word では，単に文字入力するだけでなく，記号や特殊文字を利用することができる．また，「あいさつ文」「起こし言葉」「結び言葉」などの入力支援もしてくれる．特定の文字や文章が入力された場合に，その内容に対応した文字や文章が自動的に入力されるオートコレクト機能を紹介する．

●文章入力とオートコレクト

練習 2.1　文章を入力する．

①指定のファイルを利用，または，以下の文章を入力．

②「本年」の前にスペースを入れると自動的にインデント機能が作動．

③「記」を入力し改行すると，オートコレクト機能が作動．

　＊自動的に「以上」が右揃えで入力され，「記」が中央揃えになる．

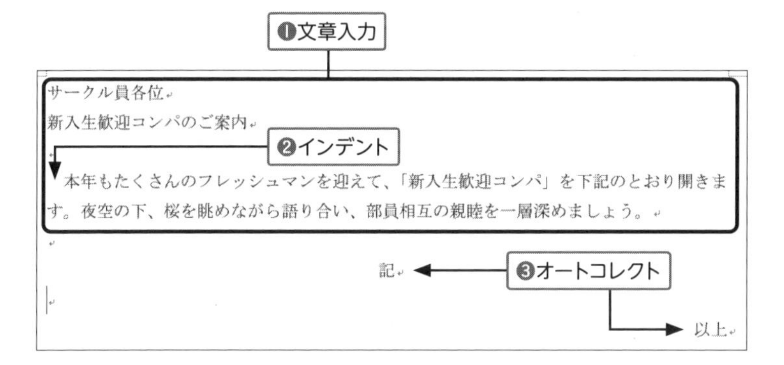

●インデントとタブのキー

インデントは，段落の書き出し位置を設定するための機能で，段落の行頭を 1 文字ずらすなど字下げの設定が行える．

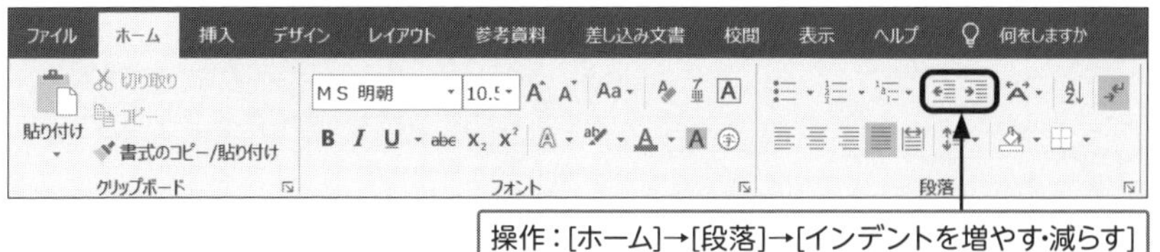

【段落】のダイアログボックス起動ツールを開くと，インデントの設定や解除が可能になる．**【段落】**は，段落前後の行間などの設定も可能である．

タブのキーは，行頭を揃えたり，文字の途中の頭を揃えたりする場合に便利である．タブを入力する場合は，キーボードの Tab キーを押すと，一定の空白が入力される．

●文字入力支援

あいさつ文の機能は，特定の文字が入力されたときに，その文字に対応した結び語やあいさつ文などが自動的に入力される入力支援機能である．メニューから，季節のあいさつなどに適した文章の「あいさつ文」だけでなく，「起こし言葉」「結び言葉」なども挿入することができる．

あいさつ文

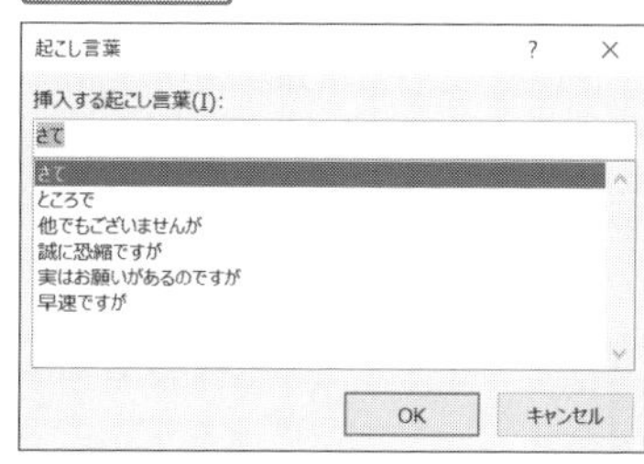

結び言葉

結び言葉
挿入する結び言葉(I):
まずは右まで。
まずは用件のみ。
乱筆お許しください。
乱筆乱文ご容赦。
ご自愛のほど祈ります。
ご健康にはくれぐれもお気を付けください。
お元気でご活躍ください。
ご健康とご活躍を祈ります。
OK
キャンセル

●記号と特殊文字

【記号と特殊文字】からアルファベットや日本語以外の記号を挿入することができる．一覧の中からは，発音記号やウムラウトなどが付いた外国語，温泉マークのような絵文字などの記号も挿入できる．

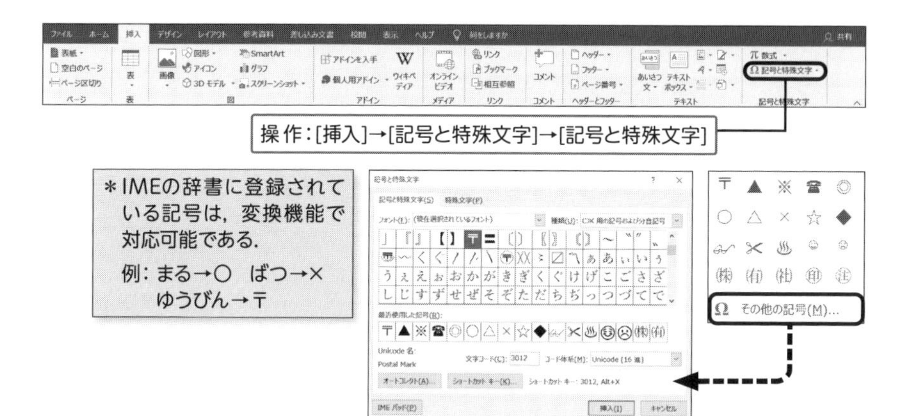

実習 2.1　以下のようにデータ入力をしなさい.

1.「記～以上」の間に日時情報，以上の後に，「幹事：立野」を入力.

2. Tab，インデント，数字の全角と半角に注意.

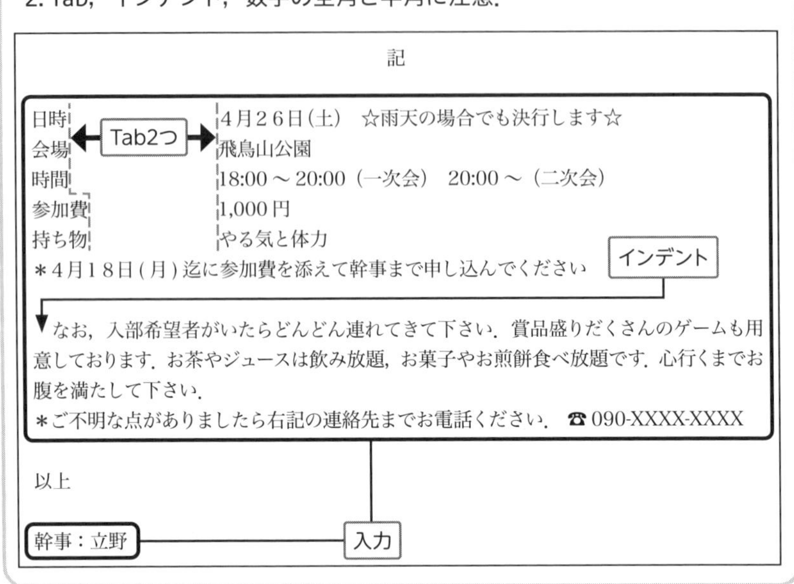

記

日時　　4月26日(土)　☆雨天の場合でも決行します☆
会場　　飛鳥山公園
時間　　18:00 ～ 20:00（一次会）　20:00 ～（二次会）
参加費　1,000円
持ち物　やる気と体力
＊4月18日(月)迄に参加費を添えて幹事まで申し込んでください

なお，入部希望者がいたらどんどん連れてきて下さい．賞品盛りだくさんのゲームも用意しております．お茶やジュースは飲み放題，お菓子やお煎餅食べ放題です．心行くまでお腹を満たして下さい．
＊ご不明な点がありましたら右記の連絡先までお電話ください．　☎ 090-XXXX-XXXX

以上

幹事：立野

2.1.2 文字と段落の操作

ビジネス文書は，文章を見やすく整え，中央揃えなどを利用して文字を配置させることが必要である．文字を見やすく整列させる場合には，ここで説明するテクニックが重要になる．

● フォントと段落

フォントとは文字のことで，［**フォント**］のツールバーから，文字の装飾，文字の種類，サイズ，および文字色の変更ができる．また，文字の配置や行間，行頭や箇条書きは，［**段落**］のツールバーから操作が可能である．

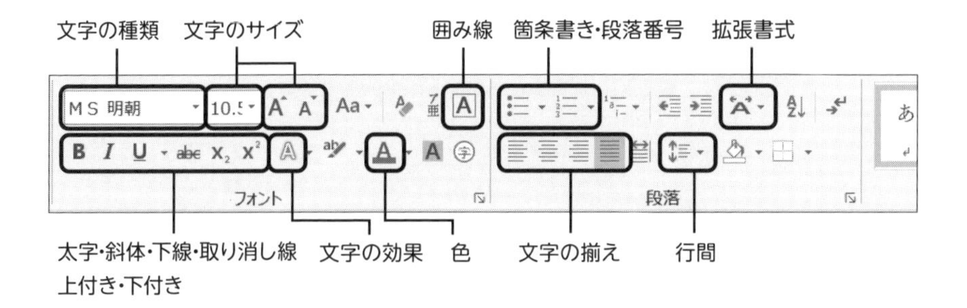

● 文字の配置

練習 2.2　文字の配置を指定する．

①「新入生歓迎コンパのご案内」の行にカーソルを配置．

②［ **ホーム** ］→［ **段落** ］→ をクリックすると文字が中央揃えに設定．

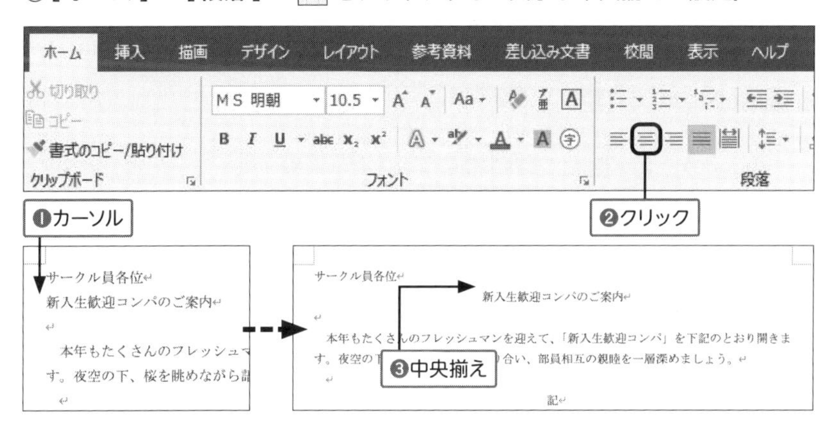

● 文字の均等割り付け

練習 2.3　書式設定ツールバーを利用して文字の均等割り付けをする．

①「日時」を選択し，［ **ホーム** ］→［ **段落** ］→ をクリック．

② プルダウンメニューの［ **文字の均等割り付け (I)** ］をクリック．

③【**文字の均等割り付け**】が開き「新しい文字列の幅 (T)」を「3 字」設定．

④「OK」をクリックすると「日時」が 3 文字分の均等割り付けに設定．

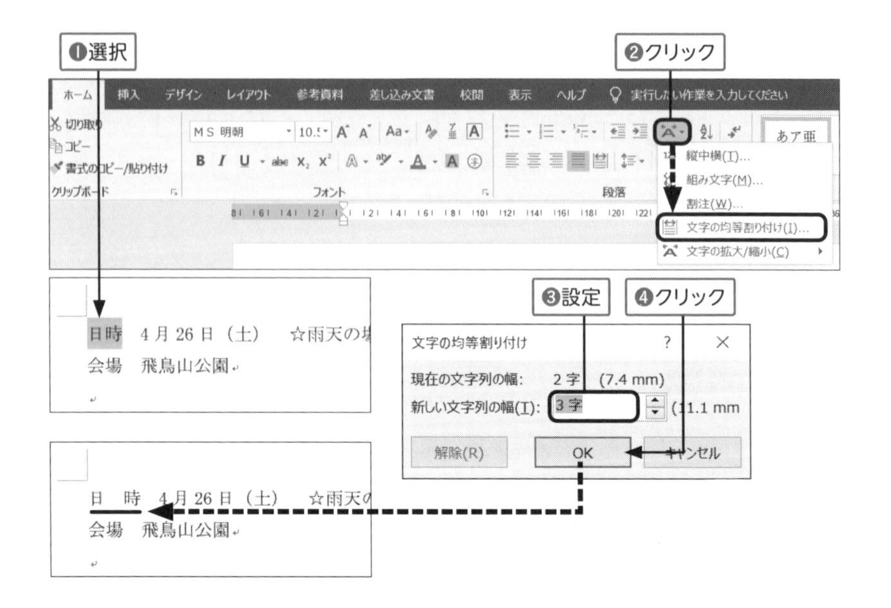

●フォントの設定

練習 2.4　ツールバーを利用してフォントを変更する.

①「新入生歓迎コンパのご案内」を選択.

②［ホーム］→［フォント］の種類「MS ゴシック」，サイズを「12」に設定.

③［ホーム］→［フォント］の **B** と U をクリックするとフォントが変更.

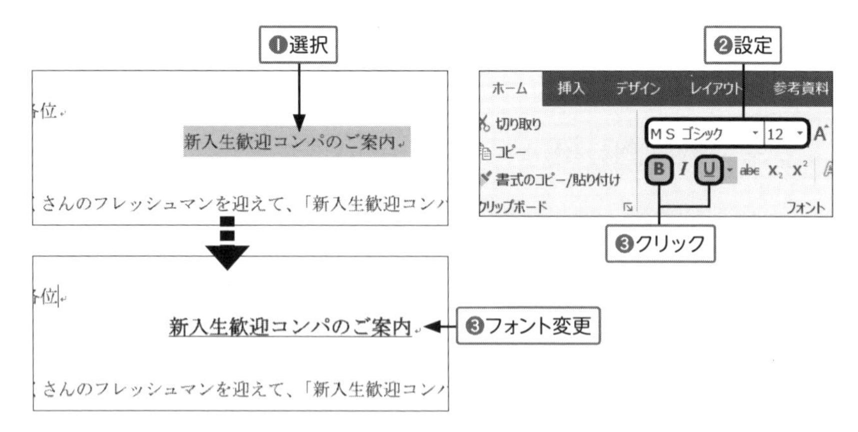

●箇条書きと段落番号

ビジネス文書では，箇条書きが多く利用される．箇条書きを利用すると，短い文章で，要点を簡潔に表現することができる．箇条書きのスタイルは自由に変更することが可能である．箇条書きは●，◆などの記号，段落番号は 1，2，3，… と番号が行頭につく．ダイアログボックスから新しい行頭文字・番号の定義の設定も可能である．

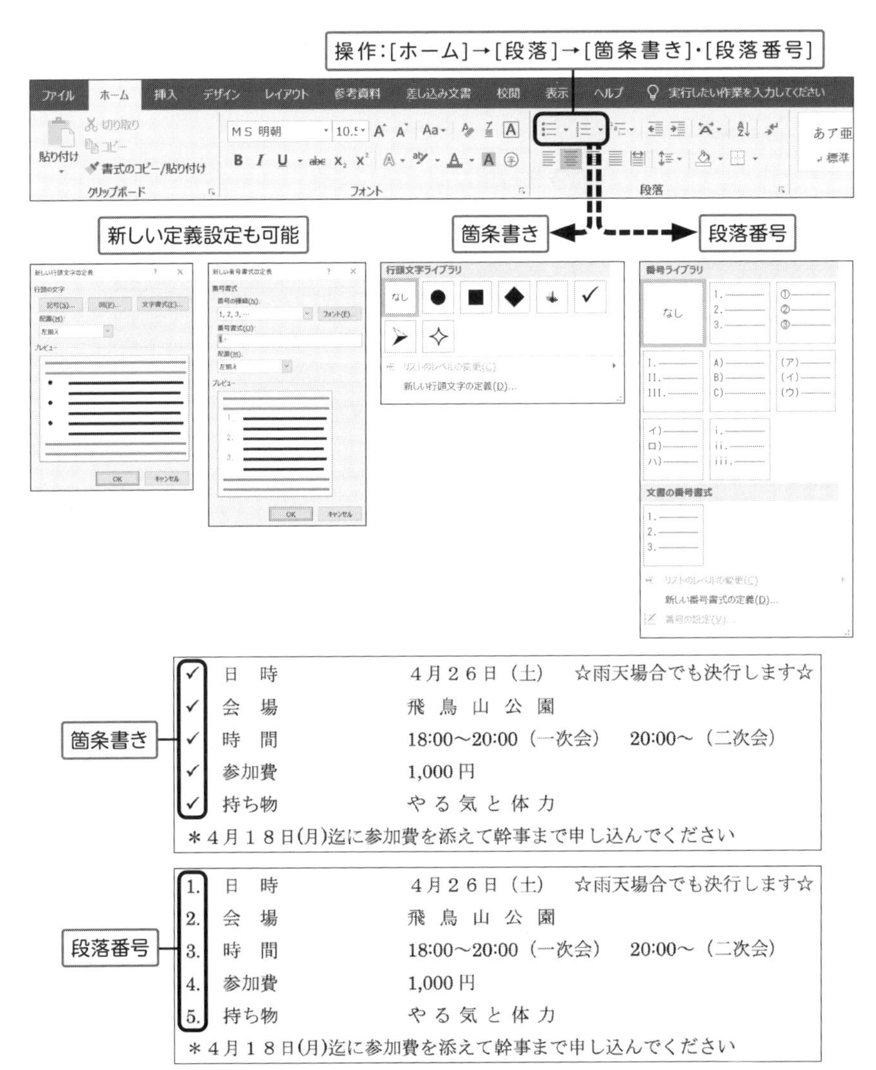

実習 2.2　以下のようにデータ入力をしなさい.

1. 「記〜以上」の間に，日時などの情報を追加すること.
2. 「幹事：立野」を入力すること.
3. 数字の全角と半角に注意すること.
4. 特殊記号を利用して☎を挿入すること.

＊「〜」や「☆」などの記号は，「から」，「ほし」と入力し変換可能.

サークル員各位

新入生歓迎コンパのご案内

本年もたくさんのフレッシュマンを迎えて、「新入生歓迎コンパ」を下記のとおり開きます。夜空の下、桜を眺めながら語り合い、部員相互の親睦を一層深めましょう。

記

1. 日　時　　　４月２６日（土）　☆雨天場合でも決行します☆
2. 会　場　　　飛 鳥 山 公 園
3. 時　間　　　18:00〜20:00（一次会）　20:00〜（二次会）
4. 参加費　　　1,000円
5. 持ち物　　　や る 気 と 体 力

＊４月１８日(月)迄に参加費を添えて幹事まで申し込んでください

なお、入部希望者がいたらどんどん連れてきて下さい。賞品盛りだくさんのゲームも用意しております。お茶やジュースは飲み放題、お菓子やお煎餅食べ放題です。心行くまでお腹を満たして下さい。

＊ご不明な点がありましたら右記の連絡先までお電話ください。　☎090-XXXX-XXXX

以上

幹事：立野

2.1.3 表の作成

ここでは，行列を指定して表を作成する．表ツールを活用すると，セルの調整や結合をして整えたり，表全体のデザインを変更したりと，複雑な表へと編集することも可能である．

●表の挿入

練習 2.5 表を挿入して文字列を入力する．

①指定の場所にカーソルをおき，［**挿入**］→［**表**］→［**表**］をクリック．

②プルダウンメニューで「6 行× 5 列」にドラッグで指定．

③表が挿入されるので，表に文字列を入力．

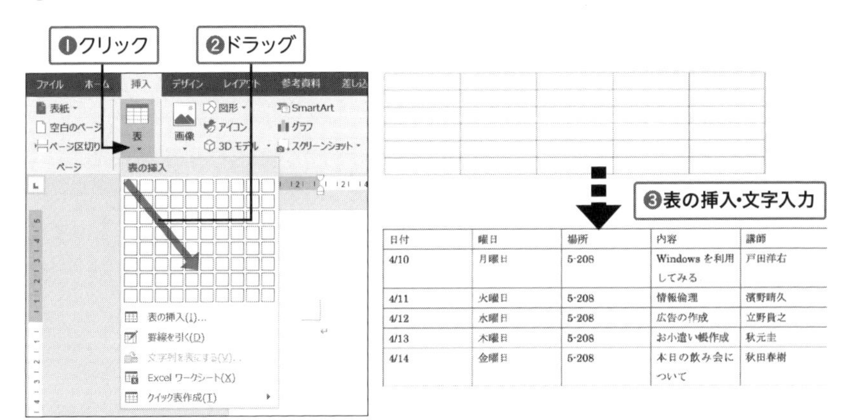

●表ツール

表ツールは，作成した表の中にカーソルを置くと，Word の青いバーの上に表示される．表ツールには「デザイン」と「レイアウト」のタブがあり，これを利用すると，任意に表スタイルを装飾することができる．

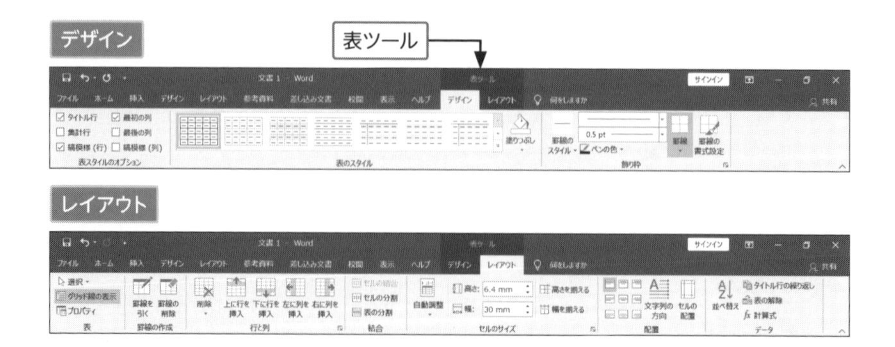

●表スタイル

練習 2.6　表の中に網かけを設定する.

①［**表ツール**］の［**デザイン**］→［**表のスタイル**］から指定のデザインをクリック.

②表のスタイル（グリッド（表）濃色 - アクセント 5）が変更.

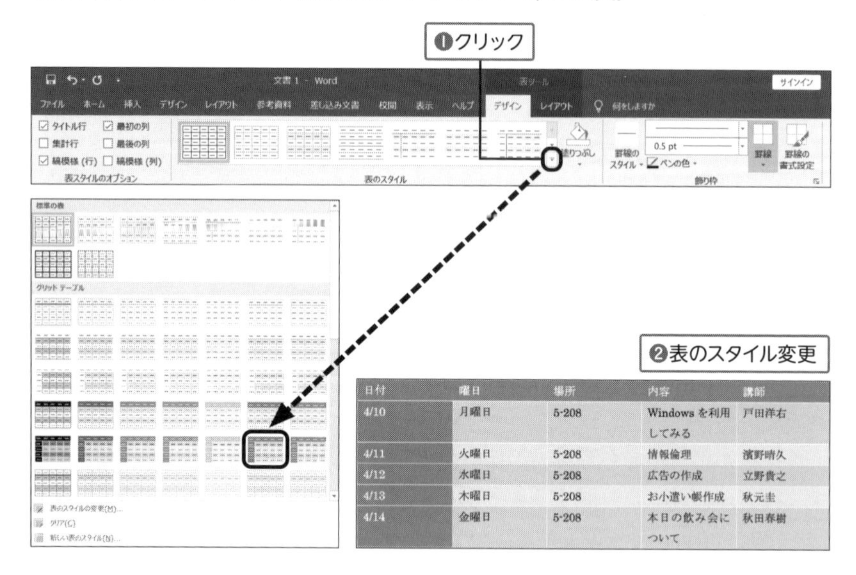

日付	曜日	場所	内容	講師
4/10	月曜日	5-208	Windows を利用してみる	戸田洋右
4/11	火曜日	5-208	情報倫理	濱野晴久
4/12	水曜日	5-208	広告の作成	立野貴之
4/13	木曜日	5-208	お小遣い帳作成	秋元圭
4/14	金曜日	5-208	本日の飲み会について	秋田春樹

●表の調整

ドラッグをして，作成した表のセル幅を調整できる．表の中の罫線上にカーソルを置くと，ポインタが に変わる．左右へドラッグしてセルの大きさを調整することができる．

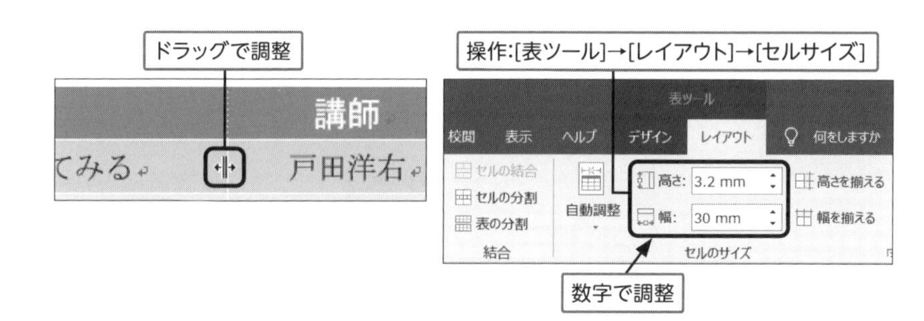

実習 2.3　以下のように表を作成しなさい．

1. 指定の文字を中央揃えにすること．
2. 表の後に改行を入れ，MS ゴシックで「申請書」と入力すること．
3. 申請書の下に表を作成し文字を入力すること．

パソコンサークル

体験入部申込書

新入生の皆様、ご入学おめでとうございます。わがサークルでは、できるだけ多くの学生さんにパソコンについて興味を持っていただきたく、毎年***体験入部***を行っております。初心者の参加も大歓迎です。

日付	曜日	場所	内容	講師
4/10	月曜日	5-208	Windows を利用してみる	戸田洋右
4/11	火曜日	5-208	情報倫理	濱野晴久
4/12	水曜日	5-208	広告の作成	立野貴之
4/13	木曜日	5-208	お小遣い帳作成	秋元圭
4/14	金曜日	5-208	本日の飲み会について	秋田春樹

申請書

<table>
<tr><td>学籍番号</td><td></td><td colspan="2" rowspan="2">住所</td></tr>
<tr><td>学部・学科</td><td></td></tr>
<tr><td>フリガナ</td><td></td><td>TEL</td><td></td></tr>
<tr><td>氏名</td><td></td><td>携帯電話</td><td></td></tr>
</table>

2.2 画像を利用した文書

Wordを利用することで，文書を視覚的に訴えることができる．ここでは基本から図形・罫線を使って，体裁よく文書を作っていく方法を学習し，さらに絵や写真を利用したり，図形を組み合わせたりして，インパクトのある文書を作っていく．

2.2.1 ワードアートの挿入と変更

ワードアートは，文字を様々な形に変形させて装飾する機能で，特殊効果文字，つまりタイトルやロゴ，工夫次第では様々な用途として利用できる．ワードアートを利用して書体や文字飾りでは表現できない凝ったデザイン文字を作成してみよう．

●ワードアートの挿入

練習 2.7　タイトルをワードアートで挿入する．

①［**挿入**］→［**テキスト**］→［**ワードアート**］をクリック．
②プルダウンメニューから指定のワードアートの種類を選択．
③「ここに文字を入力」とテキストボックスが表示．
④テキストボックスに「オープンキャンパス」と入力．

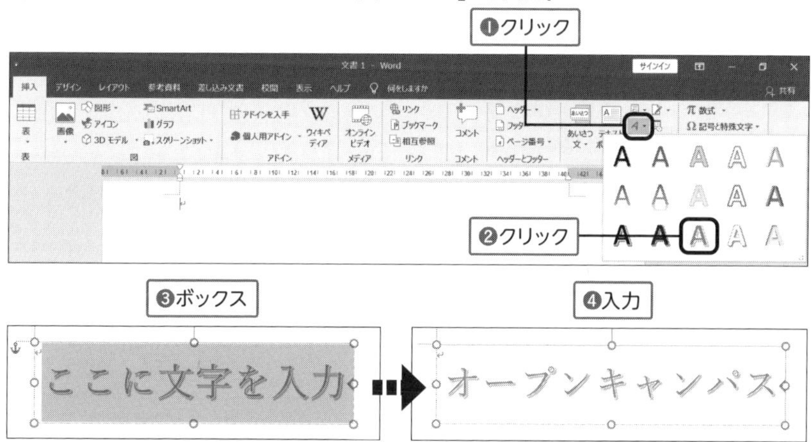

●ワードアートの変更

ワードアートを選択した状態にすると，ワードアートの描画ツールバーが表示される．このツールバーを利用すると，ワードアートの作成後でも，ワードアートの文字や形状を変更したりすることが可能である．また，文字や文字の外枠の色を変更したり，影や 3D の効果を追加したりできる．

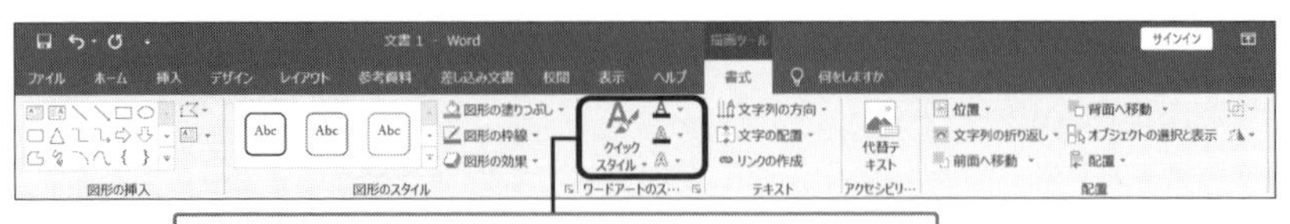

操作：[描画ツール]→[書式]→[ワードアートのスタイル]

ワードアートの文字の種類や文字の大きさは，通常の文字列と同様に［**フォント**］のツールバーから変更できる．

操作：[ホーム]→[フォント]

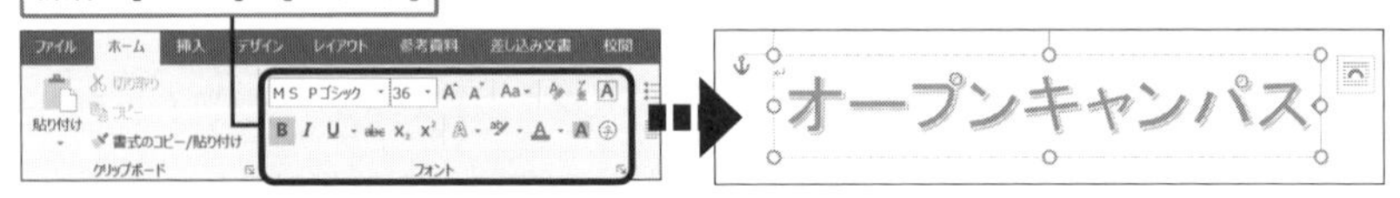

●ワードアートの機能

ワードアート機能は，文字が入った図形やテキストボックスと同様の機能となる．［**図形のスタイル**］を利用してテキストボックスのスタイルを変更して以下のように装飾することも可能である．

操作：[描画ツール]→[書式]→[図形のスタイル]

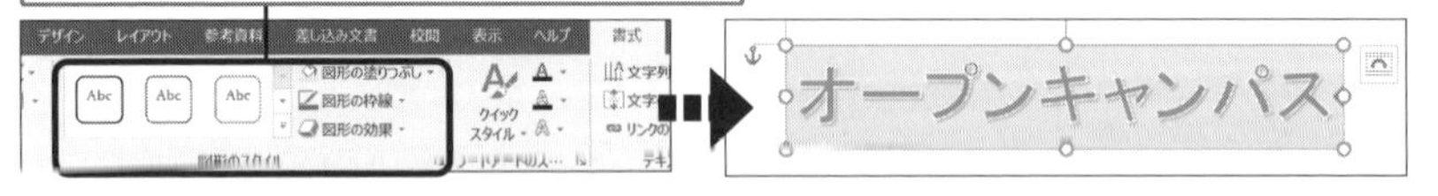

実習 2.4　以下のようにワードアートを挿入しなさい．

1. 「～情報処理講座のお知らせ～」のワードアートを挿入すること．
2. ワードアートのデザインは任意とすること．
3. ワードアートの下に開催日などを以下の通りに入力すること．

2.2.2 イラストの挿入とレイアウト

イラストには，文章だけでは伝わりにくい内容を直感的に伝える効果もある．また文章で書かれている内容を強調する効果も期待できる．また，イラストや図をうまく利用することにより，目的や意図を短い説明で伝えることも可能になる．

●文字列の折り返し設定

文中に画像を挿入したときに，思い通りに画像を配置できない場合がある．これは「文字列の折り返し」を設定することにより解決される．以下は，画像を挿入したときのレイアウトの説明である．Word で文書を作成するときには，この画像と文字の位置関係でレイアウトを設定する必要があることを理解しておこう．

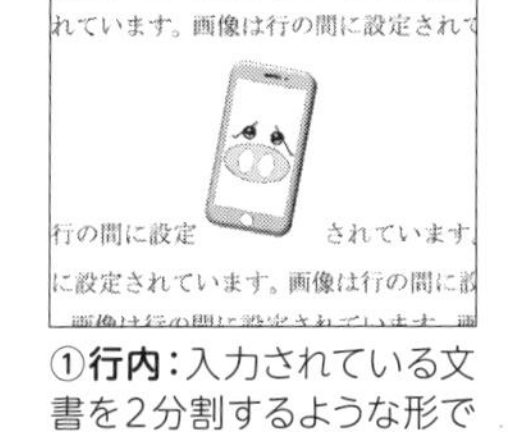

①**行内：**入力されている文書を2分割するような形で図が挿入される．

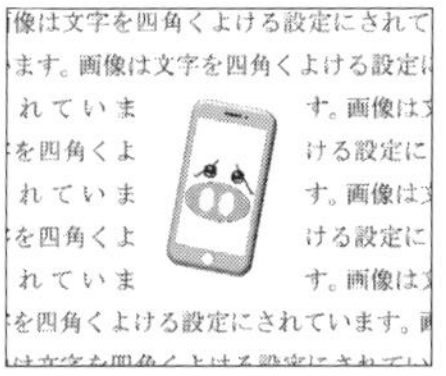

②**四角形：**挿入された画像を四角形の範囲で外周を避けて文字列が回り込む．

③**狭く・内部：**挿入した図形の白の余白部分まで文字が回り込むようになる．

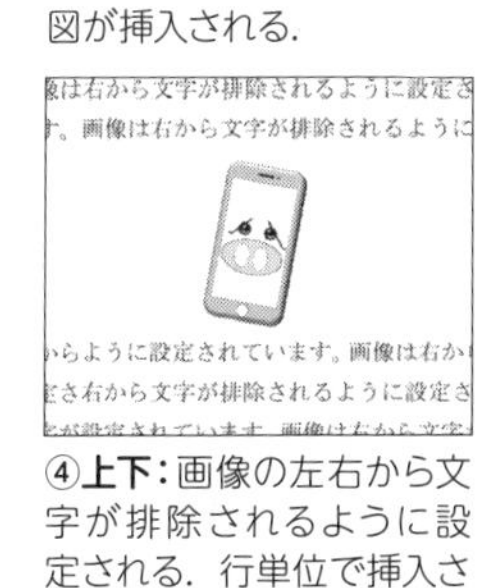

④**上下：**画像の左右から文字が排除されるように設定される．行単位で挿入される．

⑤**背面：**入力された文字は図の上をそのまま通り過ぎていき，透かしのような使い方ができる．

⑥**前面：**入力された文字は図の下をそのまま通り過ぎていく．一番自由に移動可能な設定である．

＊折り返し点の編集では，文字を折り込ませる箇所を調整することができる

●オンライン画像の挿入

練習 2.8　オンライン画像を挿入する.

①［**挿入**］→［**図**］→［**画像**］→［**オンライン画像**］をクリック.

②【**オンライン画像**】のダイアログボックスが表示.

③入力ボックスに「パソコン　イラスト」と入力し Enter キー.

④挿入したい画像をクリック.

⑤「挿入」をクリック.

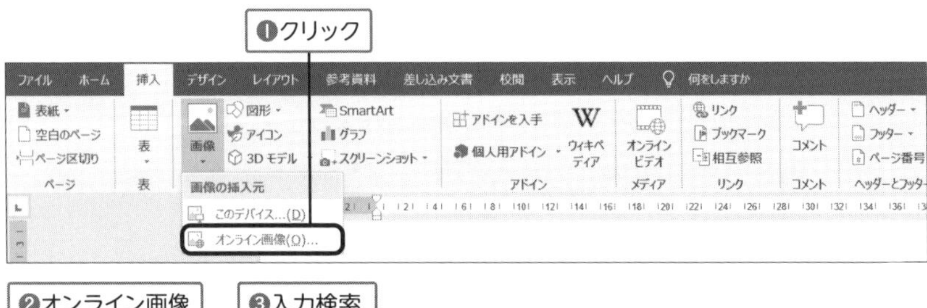

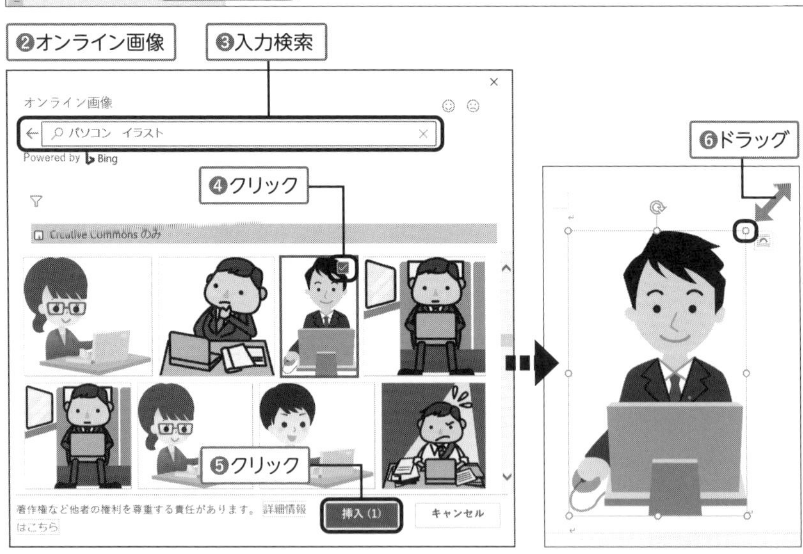

●画像の書式設定

練習 2.9　画像のレイアウトを調整する.

①画像を選択すると［**図ツール**］が表示.

②［**書式**］→［**配置**］→［**文字列の折り返し**］→［**前面**］をクリック.

③図の設定が前面になるので，ドラッグで場所を調整可能.

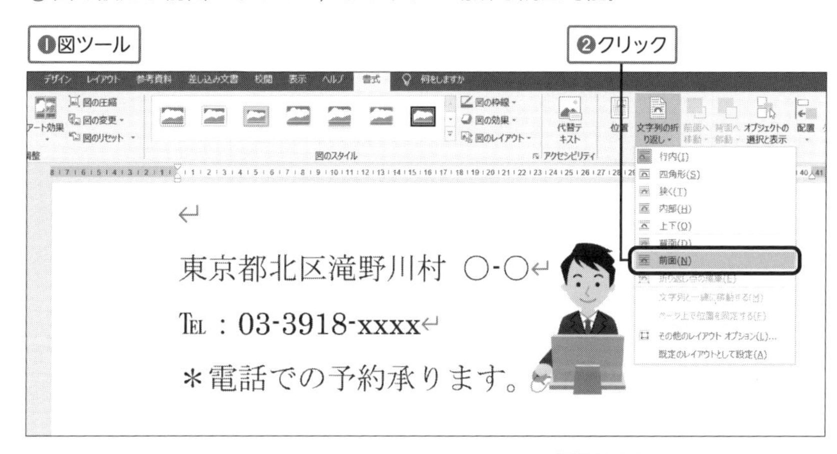

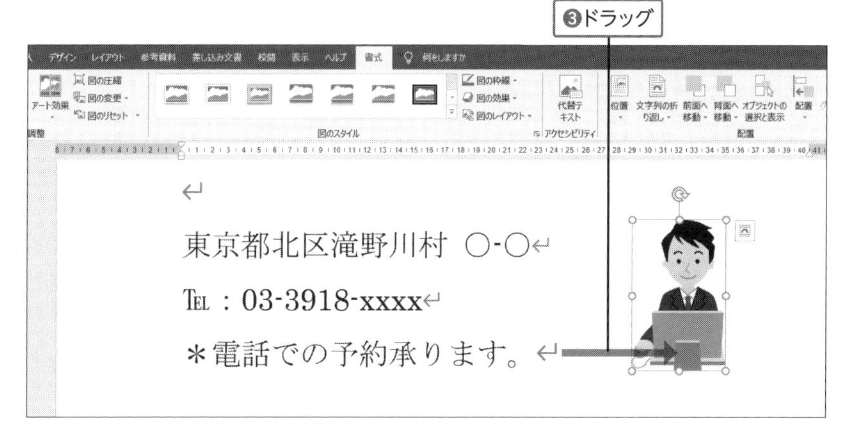

●保存した画像の挿入

Word では，自分で用意した画像を挿入することもできる．**【このデバイス】**から画像ファイルが保存してある場所から，画像を選ぶ．

操作：[挿入]→[図]→[画像]→[このデバイス]

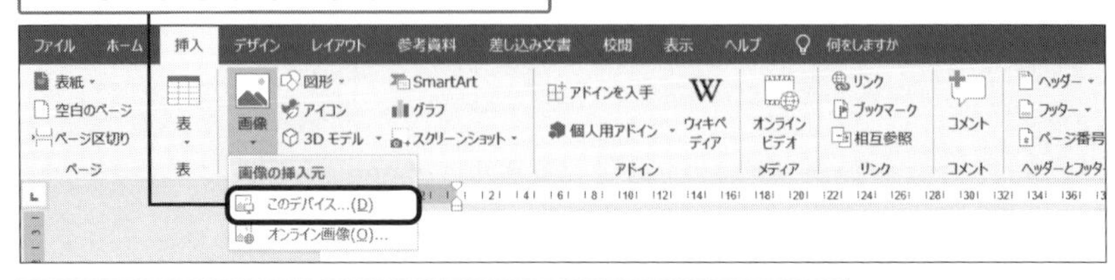

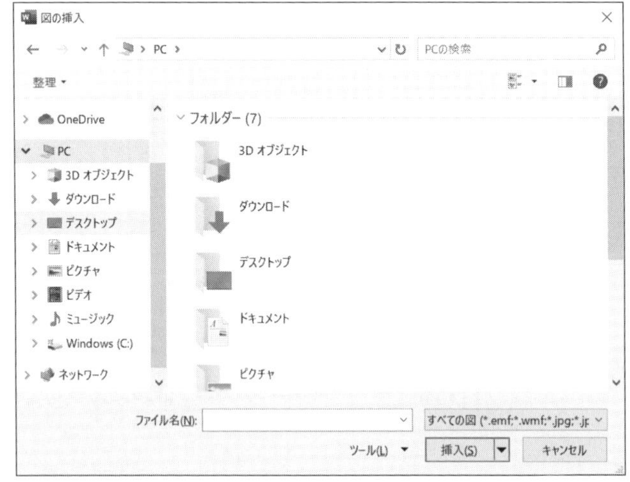

2.2.3 図形の挿入

Word では，図形の追加や，追加した図形を影付きにしたり，3D にしたりする機能が用意されている．簡単なマウス操作で正確な線や円を描くことができるので，初心者でも簡単に地図などが描ける．

●図形と描画ツール

図形では様々な図形が用意されている．図形は，変形・回転することも可能で，これらの機能を組み合わせることで，高度な表現が可能になる．

操作：[挿入]→[図]→[図形]

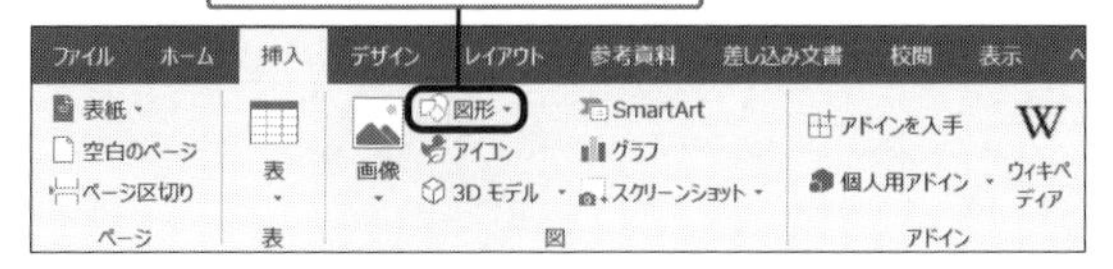

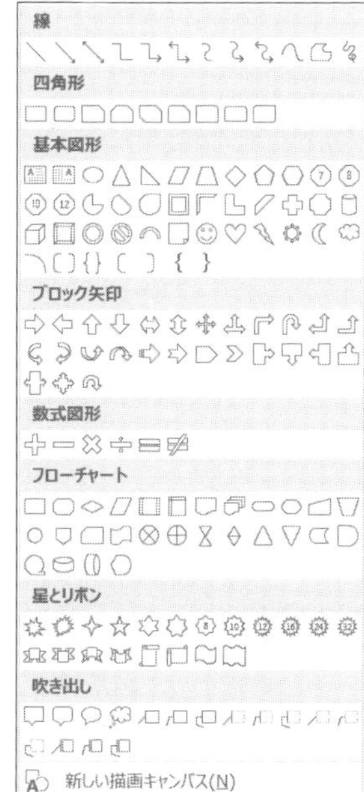

追加した図形の［**描画ツール**］では，図形のサイズ，線や塗りつぶしの色を変更，様々な作業が可能である．［**描画ツール**］は図形を選択すると表示される．

描画ツール

●図形の利用

練習 2.10　図形を利用して区切り線を追加する.

①［**挿入**］→［**図**］→［**図形**］→［**線**］の［＼］ボタンをクリック．

❶クリック

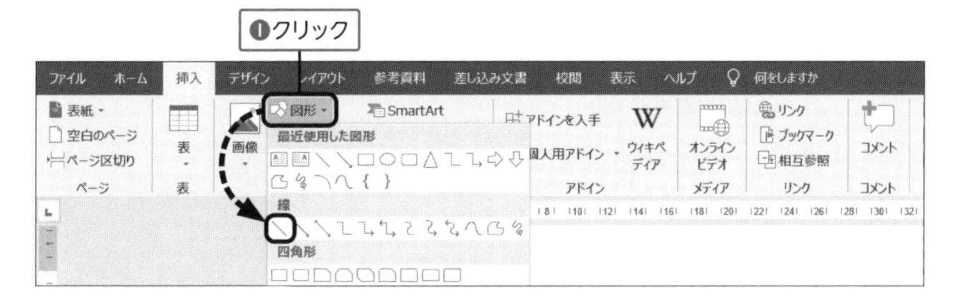

②アイコンの形が＋に変わるので「開催日時」の下でドラッグ.

●図形の変更

練習 2.11　区切り線の太さを変更する.

①［**書式**］→［**図形スタイル**］→［**図形の枠線**］→［**太さ**］→［**6pt**］をクリック.

②区切り線のサイズが変更.

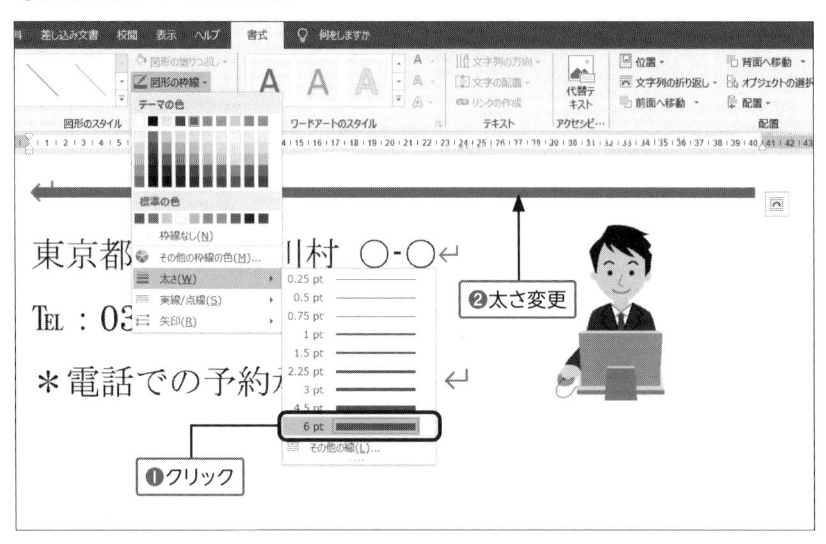

●図形の順序

複数の図形や画像を挿入するとき重なり方を考える必要がある．最初に挿入したものから順に重なっていき，最後に挿入したものが一番上になる．以下の図は，背面から順に四角→ハート→丸→矢印の順番に配置されており，四角は他の図形の奥側にあるので「最背面」，矢印は他の図形の手前側にあるので「最前面」にある，という．

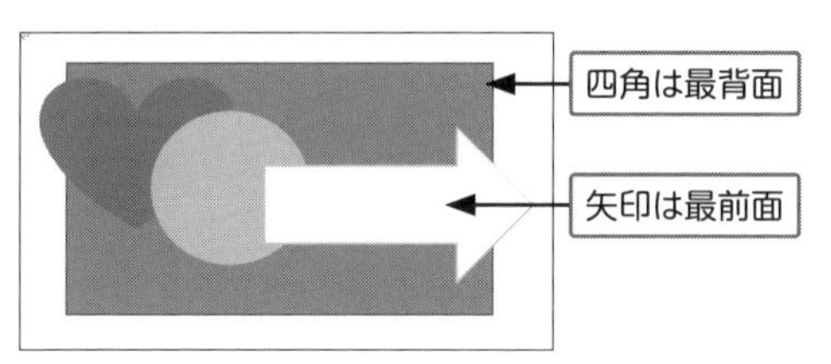

●テキストの追加

図形にテキストを追加する場合は，テキストボックス機能を利用する．テキストボックスの文書を横書きにする場合は「横書き」を，縦書きにする場合は「縦書き」をそれぞれ選択する．

操作：[挿入]→[テキスト]→[テキストボックス]→[横書きテキストボックスの描画(H)]

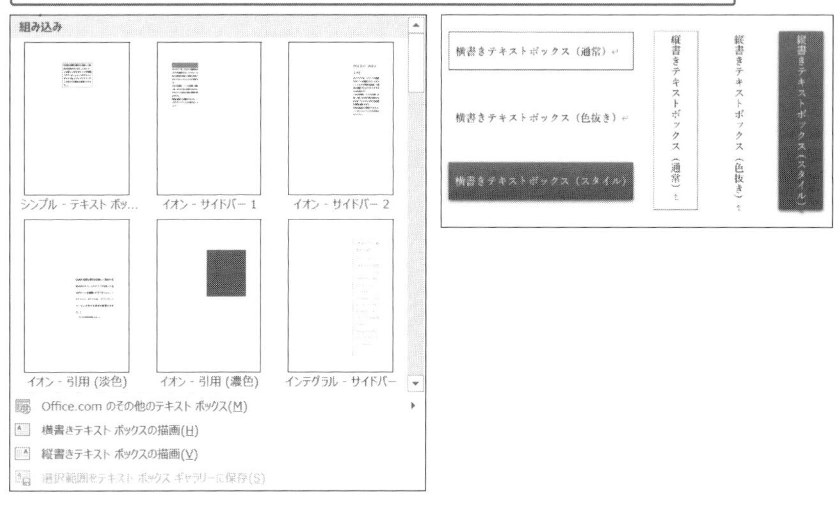

図形に直接文字を追加したい場合は，選択して直接入力が可能である．

2.2.4 図形の効果設定

ここでは，ツールバーに用意されている「影」や「3-D」の機能を利用して，描いた画像に効果を付ける．図形に効果を付けることで，より表現力のある文書を作成することが可能になる．

●影の効果

練習 2.12　描画ツールを利用しラインに影をつける．

①［**描画ツール**］→［**書式**］→［**図形の効果**］→［**影**］→［**外側**］→［**オフセット：右下**］をクリック．

②ラインに影が設定される．

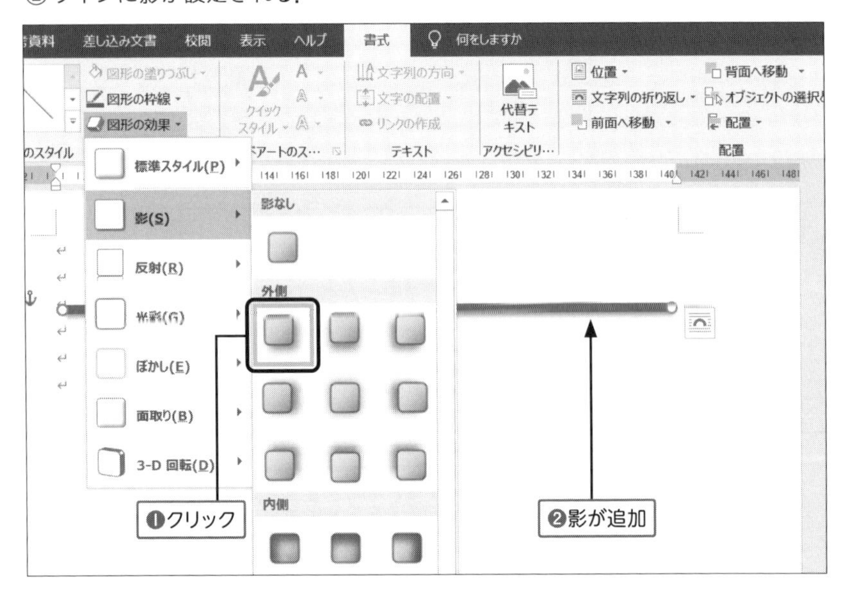

● 3-D回転の設定

［**3-D 回転オプション**］から，X・Y・Z の回転角度を設定できる．

操作：[描画ツール]→[書式]→[図形の効果]→[3-D回転]

●描画キャンバス

描画キャンバスは，複数の図形や画像を１つのグループにまとめたい場合に利用すると便利である．描画キャンバスの中に追加した複数の図形や画像は１つの図のように扱うことができる．位置関係を保持したままの移動もできる．

操作：[挿入]→[図]→[図形]→[新しい描画キャンバス(N)]

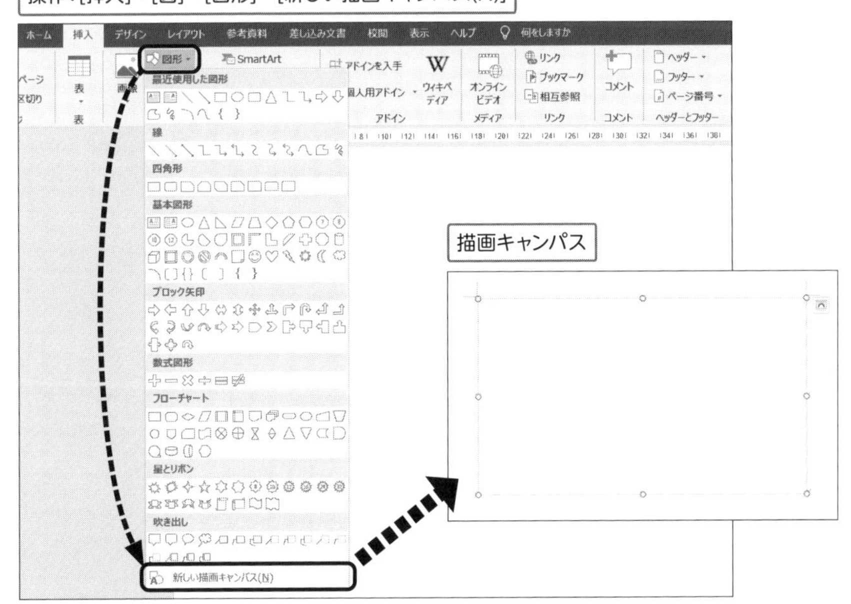

●図形を活用した地図の作成

図形を活用すれば，工夫次第で様々なイラストを描くことができる．たとえば，図形や線，その効果を利用して地図を作成することも可能である．図形は，描画キャンバスを利用して１つのグループとして作成すると作りやすくなる．

地図の骨格作成

線路・駅作成

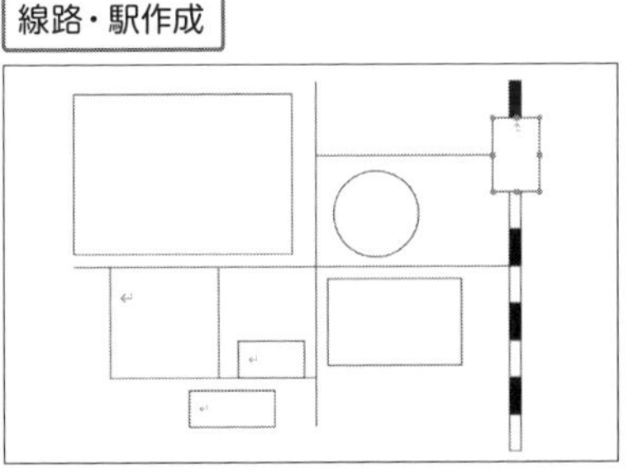

実習 2.5 以下のように地図を完成させなさい.

1. 図形を利用して地図を完成させること.
2. 駅前ビルは「3-D」効果を利用すること.

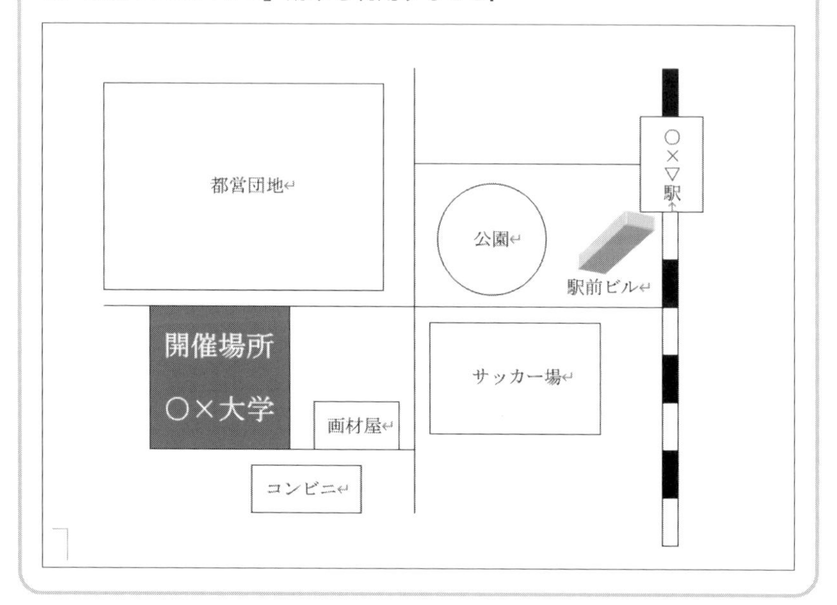

2.3 英語文書の作成

英語の新聞などでよく見かけるのが，段を何段かに分けたり，段落の最初の１文字を大きくして強調したり，と文書を読みやすくする方法である．ここでは，そういった方法を紹介し，英語で作成した文書の見栄えを整えていく．また，文章が１ページに収まらない場合などに１ページに収まるように工夫をする方法も説明し，最終的には１ページにまとめて印刷をする．

Exclusive Interview with Mr. Booh

The Probe into his Identity

B.d.N Magazine, January 2020
Written by: C. Kaiya (interviewer)
Transcribed by: T. Tachino

When you think of the mobile phone, "Flip-style" comes to mind. Mr. Booh has been one of the most famous types, which is called "Flip-style Mobil phone". In an interview published by I.e. magazine, "Booh dot Net" independent article we set the record straight on that. "Who is he?", "What is he?", "What does he like?", and so on. We had some interesting interview about his life, and since it is quite long, I quote a portion of it here:

Profile
He was born and lives in Tokyo, Japan, which Japanese call a "Tokyoite" (*Edokko*) in general. His family, friends, and others call him "Booh-chan." The term "-chan" means friendliness in Japan.

Q1: Would you tell me what you usually do?
I go to a university in Saitama prefecture, on the north of Tokyo. My major is on computer system for networking. I hope this system help rapid progress toward a network-based information society. I have a problem to solve, however. And I still have more to do. I can't manipulate the English language, and then, have to attend classes on English grammar, essay writing and speech from the first period.

Q2: You look so busy, right? And how do you spend your free time?

I like festivals more than anything else.
I visit and enjoy a lot of festivals held all over Tokyo. Traditional Japanese-styled festivals, which are called "*Matsuri*," are held throughout the year in and/or around shrines. There, they are characterized by participants parading though town while carrying portable shrines called *mikoshi* or hauling festival floats called *dashi*. I often take part in the events. I really love to go to Japanese festivals, so when I hear festival music, I always tingle with excitement.

When I have free time, I always play baseball.
I like watching baseball games and, in fact, can play baseball very well. In the USA, the "World Series" refers to a series of games where the champion of Major League is determined while, likewise, in Japan the "Japan Professional Baseball Series" refers to the champion of Japan's professional baseball teams is determined. I have visited Dome stadium to watch a game of the Japan Series, with my girl friend. That was very exiting to us!

Q3: I heard a rumor that you are devoted to your girl friend. Is that story true?
Of course! I love calling my girl friend. Every night, I talk with my girl friend over telephone. We chat about our own daily-life, events, and happenings, and so on. Doing so, especially hearing her voice, I have a sound sleep feeling happy.

Q4: You are a university student, aren't you? But I can't imagine your age. Tell me the truth?
What? You want to know how old I am, right? Un…I can't give the personal information. How do you see me? I have a flip-styled body, and so, look it as attractive. But some friends think of me as strange, which sometimes make me sad. I'd say in mobile years that …oh dear, I've got to go. It is about time to call my girl friend!

2.3.1 文章校正機能

Word では，文章のスペルミスを簡単に修正することができる．自動的に赤や青の波線でミスを指摘してくれるため，ひと目で間違いがわかる．長文を入力するときでも，スペルミスを気にせずどんどん入力作業をすることができる．

●スペルチェック

文章内で赤の波線が表示されている文字を確認する．その部分は，IME の辞書に登録されていない単語であるため，スペルが間違っている箇所，または辞書に登録がない固有名詞などの単語になる．

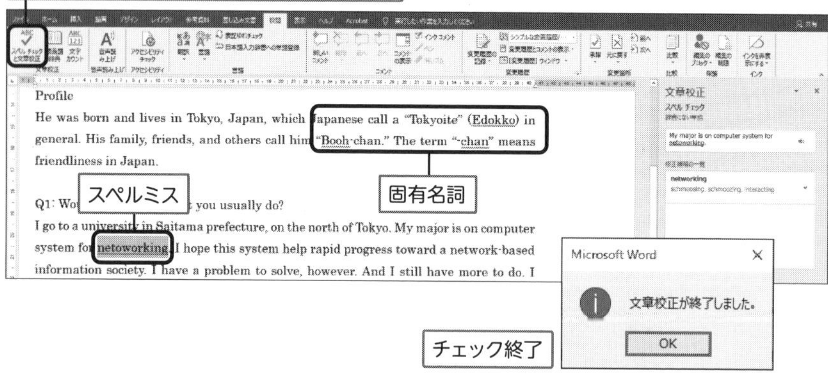

文章校正は，その指摘が必ずしも作成者の意図に沿うわけではなく，あくまで補助機能であり，指摘された部分が正しいか否かは自分で判断する必要がある．

●類義語辞典

英語の表現は同じ単語を何度も繰り返すと，幼稚な文章という印象を与える．類義語辞典をうまく利用することで，それを回避することができる．選択している単語の類義語，だけでなく関連する単語を調べ，単語を置き換えたり，挿入したりすることが可能である．

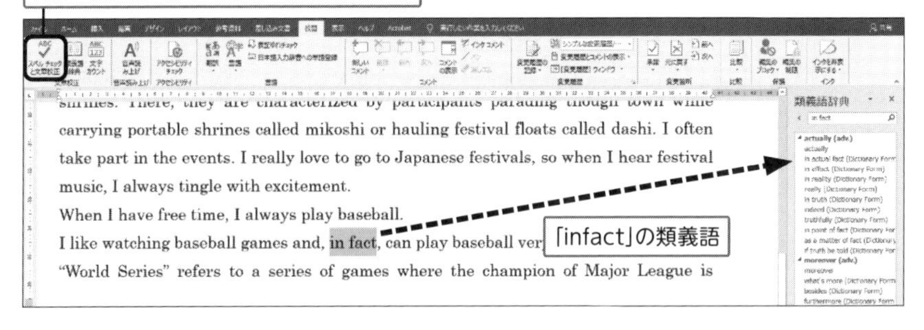

●文字カウント

Wordには，文書全体の文字数や単語数を数える機能がある．範囲選択をした部分のみを数えることも可能である．

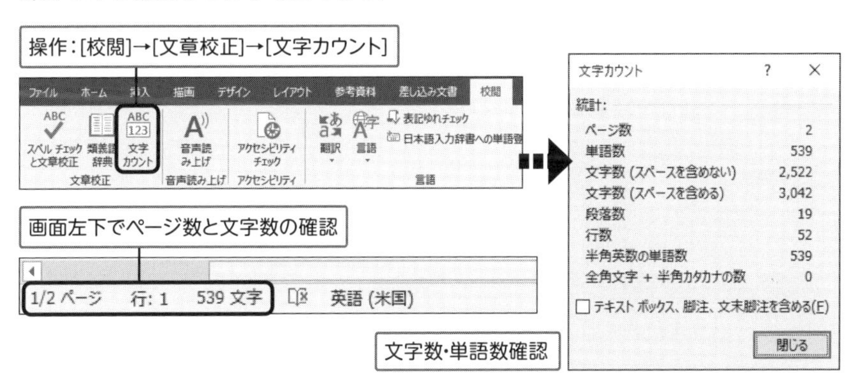

実習 2.6　文章校正を利用しスペルミスを訂正しなさい．

1. 以下の固有名詞はすべて無視すること．

   Booh, Kaiya, Tachino, B.d.N, Eddoko, chan, Matsuri, Mikoshi, Dashi

Exclusive Interview with Mr. Booh

The Probe into his Identity

B.d.N Magazine, January 2020

Written by: C. Kaiya (interviewer)

Transcribed by: T. Tachino

When you think of the mobile phone, "Flip-style" comes to mind. Mr. Booh has been one of the most famous types, which is called "Flip-style Mobil phone". In an interview published by B.d.N magazine, "Booh dot Net" independent article we set the record straight on that. "Who is he?", "What

終了後に赤ラインが消えるのを確認

2.3.2　ページと段落の設定

ここでは，2 ページの文書を 1 ページに収まるよう設定をする．ページ設定は先でも後でも変更できるが，段組みの注意事項で説明するセクション区切りなどが入った場合は注意が必要である．

●余白の設定

練習 2.13　余白を指定する．

①現状では 2 ページ（画面左下「1/2 ページ」）であることを確認．

②[**レイアウト**] → [**ページ設定**] → [**余白**] の [**ユーザ設定の余白 (A)**] をクリック．

③【**ページ設定**】の「余白」のタブをクリック．

④上下左右それぞれの数値を指定．

⑤「OK」をクリックすると，余白が変更．

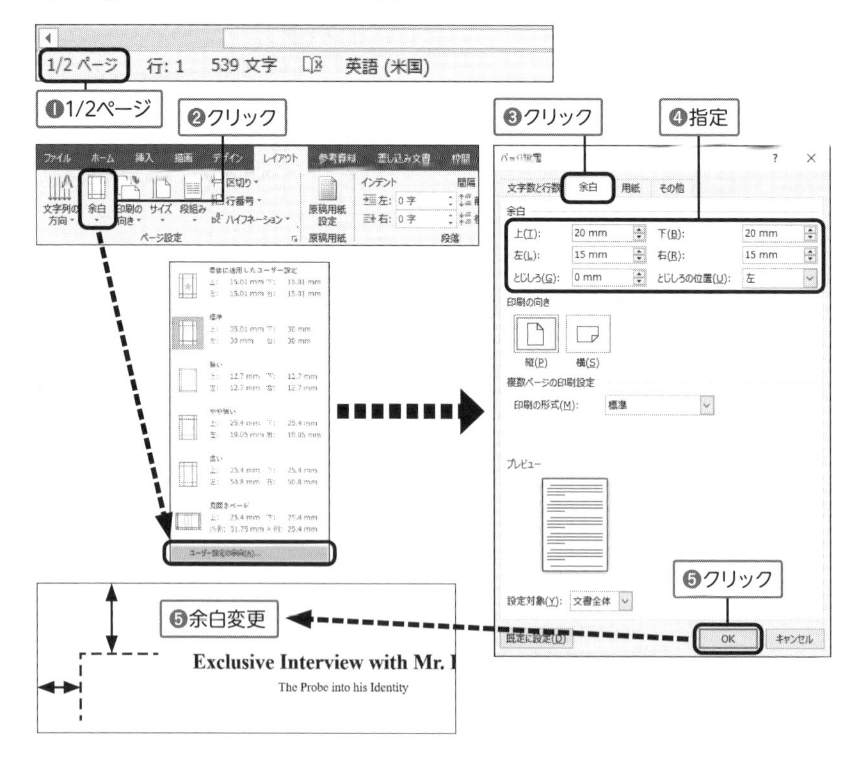

●文字数と行数の設定

練習 2.14　文字数と行数を設定する.

①【**ページ設定**】を開き [**文字数と行数**] のタブをクリック.

②「文字数と行数を指定する (H)」にチェック.

③文字数と行数を指定し「OK」をクリックすると，文字数と行数が指定.

④ページ数が 1 ページに収まったことを確認.

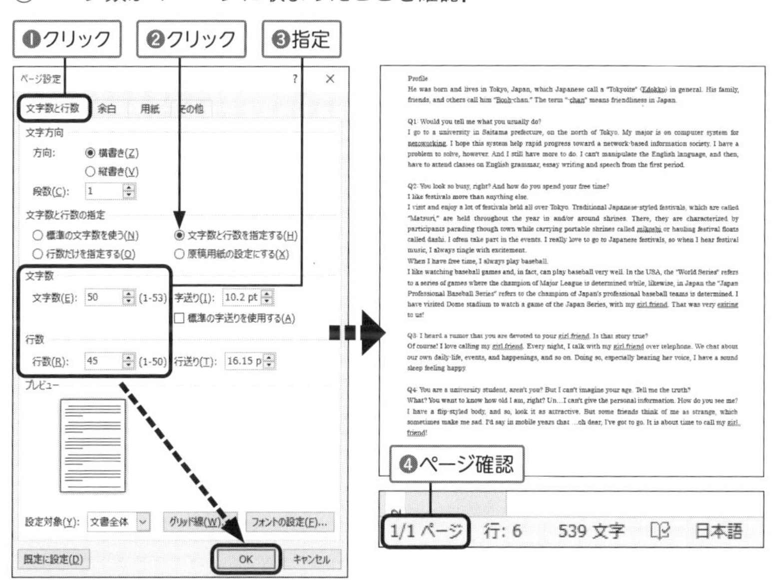

●ハイフネーション

練習 2.15　ハイフネーション機能を利用する.

①[**レイアウト**] → [**ページ設定**] → [**ハイフネーション**] をクリック.

②プルダウンメニューの [**自動 (U)**] にチェック.

③単語の切れ目に「 - (ハイフン)」が追加.

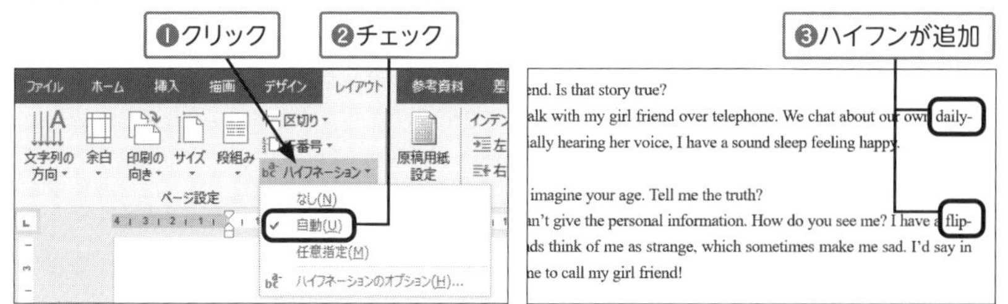

2.3.3 段組みとドロップキャップ

文字の多い文書では，限られた紙面で的確にレイアウトする工夫が必要である．文章のレイアウトは段組みやドロップキャップを利用することにより，文章を読みやすく構成できる．

●段組みの利用

練習 2.16 「Q2」の部分を 2 段組みにする．

①Q2 の「I like festival ～ exiting to us!」の段落を範囲選択．

②［**レイアウト**］→［**ページ設定**］→［**段落み**］の［**2 段**］をクリック．

③2 段の段組みに設定．

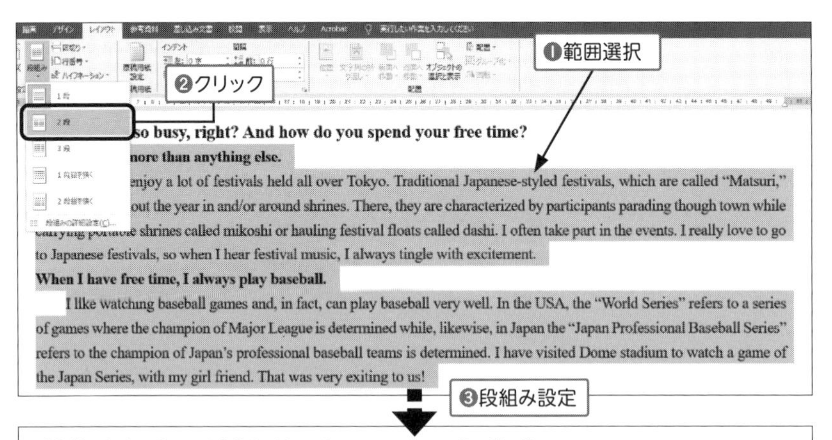

●段組みの注意事項

段組みの機能を利用すると，セクション区切りが自動的に挿入される．このセクション区切りは，実際には区切る場所が目に見えるわけではなく，文章設定を変更可能な区切りが入ることになる．気をつけなければならないのは，段組みの設定などは，勝手にセクションで区切られてしまうため，ページ設定をした時に，意図しないズレが生じることがある．セクション区切りは，「編集記号の表示 / 非表示」のボタンをオンにすると確認することができる．段組み後のページ設定の際に，おかしな状態になった場合は，このセクション区切りが原因となる場合が多い．

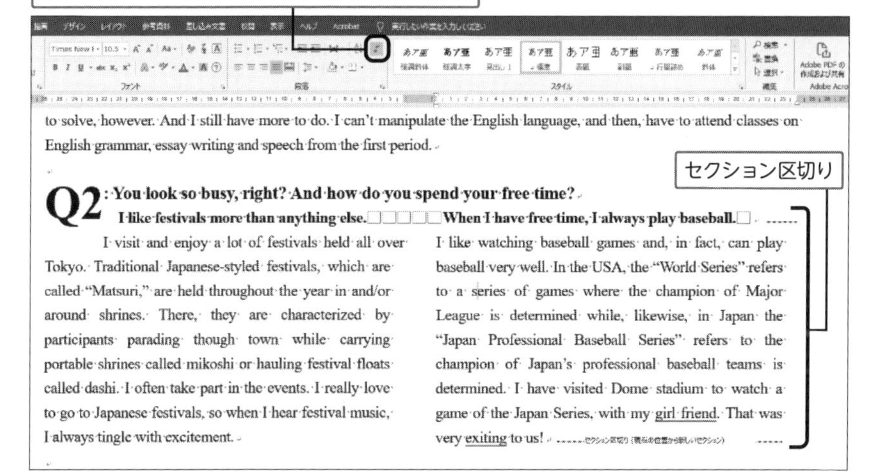

●ドロップキャップ

練習 2.17　ドロップキャップを利用する．

①3 行目の「Profile」の「P」だけを選択．

②[**挿入**] → [**ドロップキャップ**] の [**本文内に表示**] をクリック．

③「P」の文字が 3 行にわたって表示．

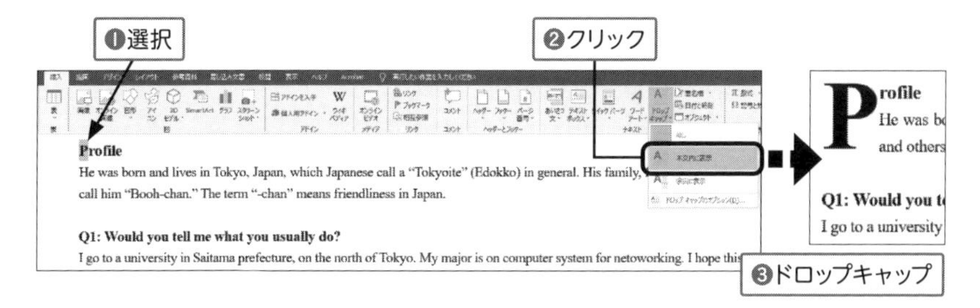

●ドロップキャップの行数

ドロップキャップの行数は，指定することが可能である．［**ドロップキャップのオプション（D）**］からダイアログボックスを呼び出して，行数やフォントなど設定することができる．

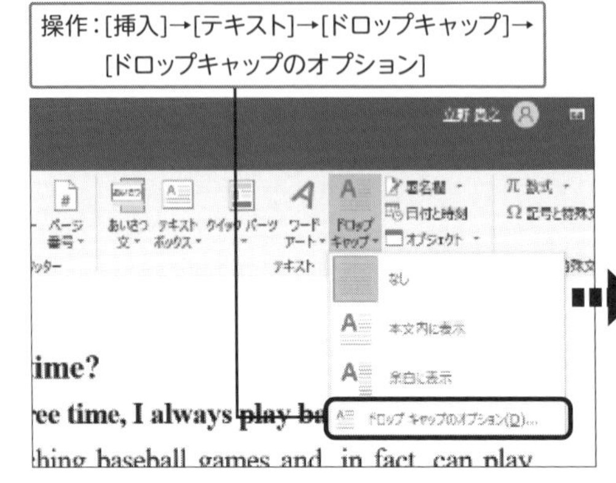

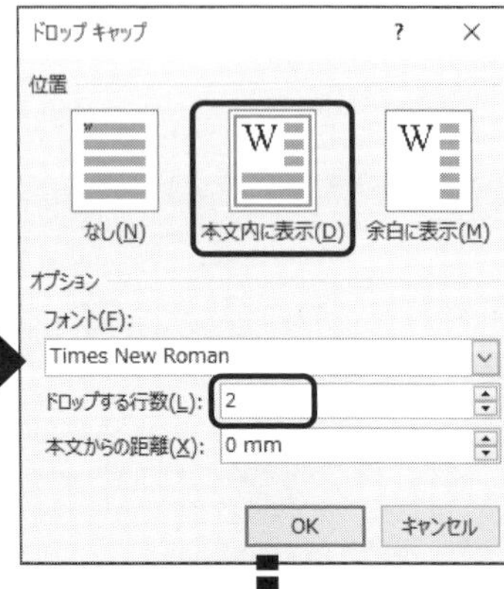

Q1: **Would you tell me what you usually do?**
I go to a university in Saitama prefecture, on the north
hope this system help rapid progress toward a network-based i
still have more to do. I can't manipulate the English language
writing and speech from the first period.

実習 2.7　ドロップキャップの設定をしなさい.

1. 「Q1」「Q2」「Q3」「Q4」を 2 行にわたるドロップキャップにすること.

Q1: **Would you tell me what you usually do?**
I go to a university in Saitama prefecture, on the north
hope this system help rapid progress toward a network-based i
still have more to do. I can't manipulate the English language
writing and speech from the first period.

Q2: **You look so busy, right? And how do you sp**
I like festivals more than anything else.
I visit and enjoy a lot of festivals held all over Tokyo. Traditional Japanese-styled festivals, which are called "Matsuri," are held throughout the year in and/or around shrines. There, they are characterized by participants parading though town while carrying portable shrines called mikoshi or hauling festival floats called dashi. I often take part in the events. I really love to go to Japanese festivals, so when I hear festival music, I always tingle with excitement.

Q3: **I heard a rumor that you are devoted to yo**
Of course! I love calling my girl friend. Every nig
own daily-life, events, and happenings, and so on. Doing so, es

Q4: **You are a university student, aren't you? B**
What? You want to know how old I am, right? U
I have a flip-styled body, and so, look it as attractive. But some
I'd say in mobile years that …oh dear, I've got to go. It is about

2.3.4 書類作成に便利な機能

ここでは，行間に一定間隔で表示するグリッド線，用紙の向きを変える方法，ページに透かし文字を入れる機能を説明する．

●行間とグリッド線

Word 文書の中には，段落の表示間隔や文字の開始位置の目安となる「グリッド線」がある．ページの行数に応じてグリッド線は引かれていて，文字はグリッド線に沿って配置される．ただ，グリッド線を有効にしていると，グリッド線に合わせて行間を確保するため，グリッド線より行間を狭めることができない．その場合は，グリッド線に文字を合わせないように設定することも可能である．

操作：[表示]→[表示]→[グリッド線]

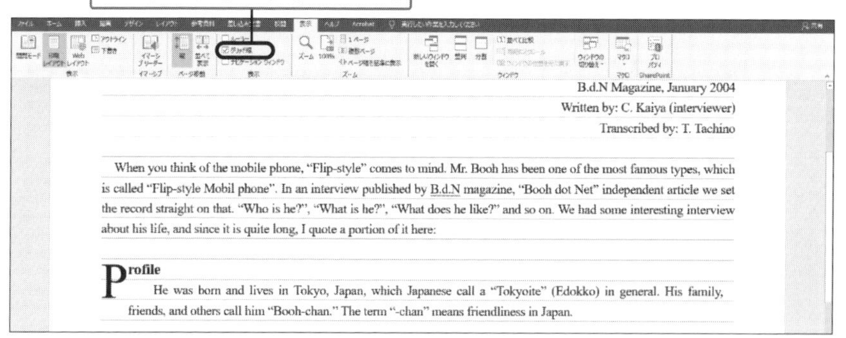

●印刷の向き

用紙の向きを横にする場合は，**［印刷の向き］**をクリックすると，縦か横どちらにするか指定することが可能である．

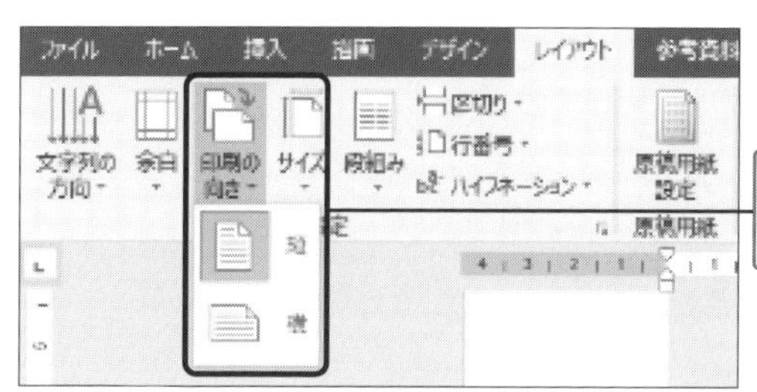

操作：[レイアウト]→[ページ設定]→[印刷の向き]

●透かし文字

透かし文字は，会社の文書などで背景に「社外秘」「Draft」といった文字が大きく挿入できる．

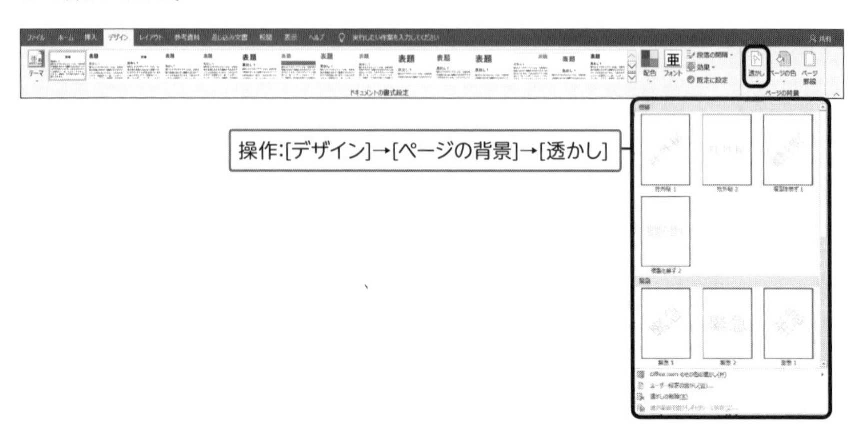

実習 2.8　以下のイメージを完成させなさい．

1. 透かし文字で「Home Work」と入力すること．
2. ファイル名「interview(完成)」として保存すること．

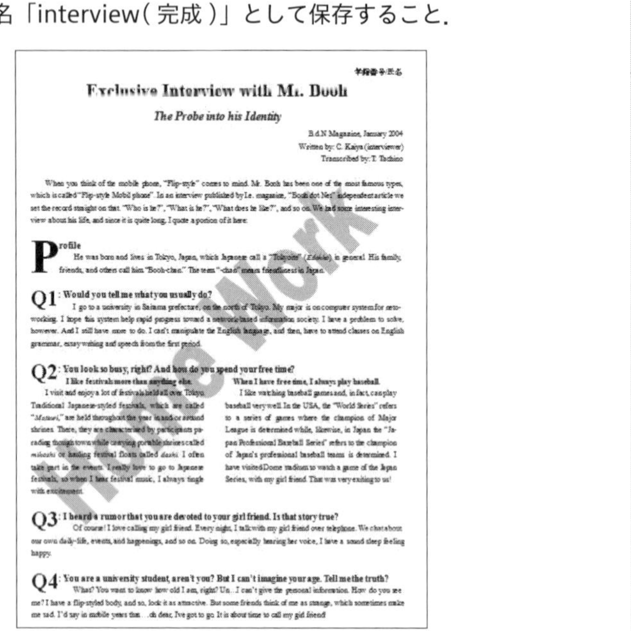

学籍番号/氏名

Exclusive Interview with Mr. Booh

The Probe into his Identity

B.d.N Magazine, January 2004
Written by: C. Kaiya (interviewer)
Transcribed by: T. Tachino

When you think of the mobile phone, "Flip-style" comes to mind. Mr. Booh has been one of the most famous types, which is called "Flip-style Mobil phone". In an interview published by I.e. magazine, "Booh dot Net" independent article we set the record straight on that. "Who is he?", "What is he?", "What does he like?", and so on. We had some interesting interview about his life, and since it is quite long, I quote a portion of it here:

Profile
He was born and lives in Tokyo, Japan, which Japanese call a "Tokyoite" (*Edokko*) in general. His family, friends, and others call him "Booh-chan." The term "-chan" means friendliness in Japan.

Q1: Would you tell me what you usually do?
I go to a university in Saitama prefecture, on the north of Tokyo. My major is on computer system for networking. I hope this system help rapid progress toward a network-based information society. I have a problem to solve, however. And I still have more to do. I can't manipulate the English language, and then, have to attend classes on English grammar, essay writing and speech from the first period.

Q2: You look so busy, right? And how do you spend your free time?

I like festivals more than anything else.
I visit and enjoy a lot of festivals held all over Tokyo. Traditional Japanese-styled festivals, which are called "*Matsuri*," are held throughout the year in and/or around shrines. There, they are characterized by participants parading through town while carrying portable shrines called *mikoshi* or hauling festival floats called *dashi*. I often take part in the events. I really love to go to Japanese festivals, so when I hear festival music, I always tingle with excitement.

When I have free time, I always play baseball.
I like watching baseball games and, in fact, can play baseball very well. In the USA, the "World Series" refers to a series of games where the champion of Major League is determined while, likewise, in Japan the "Japan Professional Baseball Series" refers to the champion of Japan's professional baseball teams is determined. I have visited Dome stadium to watch a game of the Japan Series, with my girl friend. That was very exiting to us!

Q3: I heard a rumor that you are devoted to your girl friend. Is that story true?
Of course! I love calling my girl friend. Every night, I talk with my girl friend over telephone. We chat about our own daily-life, events, and happenings, and so on. Doing so, especially hearing her voice, I have a sound sleep feeling happy.

Q4: You are a university student, aren't you? But I can't imagine your age. Tell me the truth?
What? You want to know how old I am, right? Un...I can't give the personal information. How do you see me? I have a flip-styled body, and so, look it as attractive. But some friends think of me as strange, which sometimes make me sad. I'd say in mobile years that....oh dear, I've got to go. It is about time to call my girl friend!

Home Work

2.4 レポートの作成

大学生活においては，レポート提出や論文作成で，必ずワープロソフトの利用を求められる．ここでは，レポートや論文などの長い文章を効率よく作成する上で便利な機能を学ぶ．

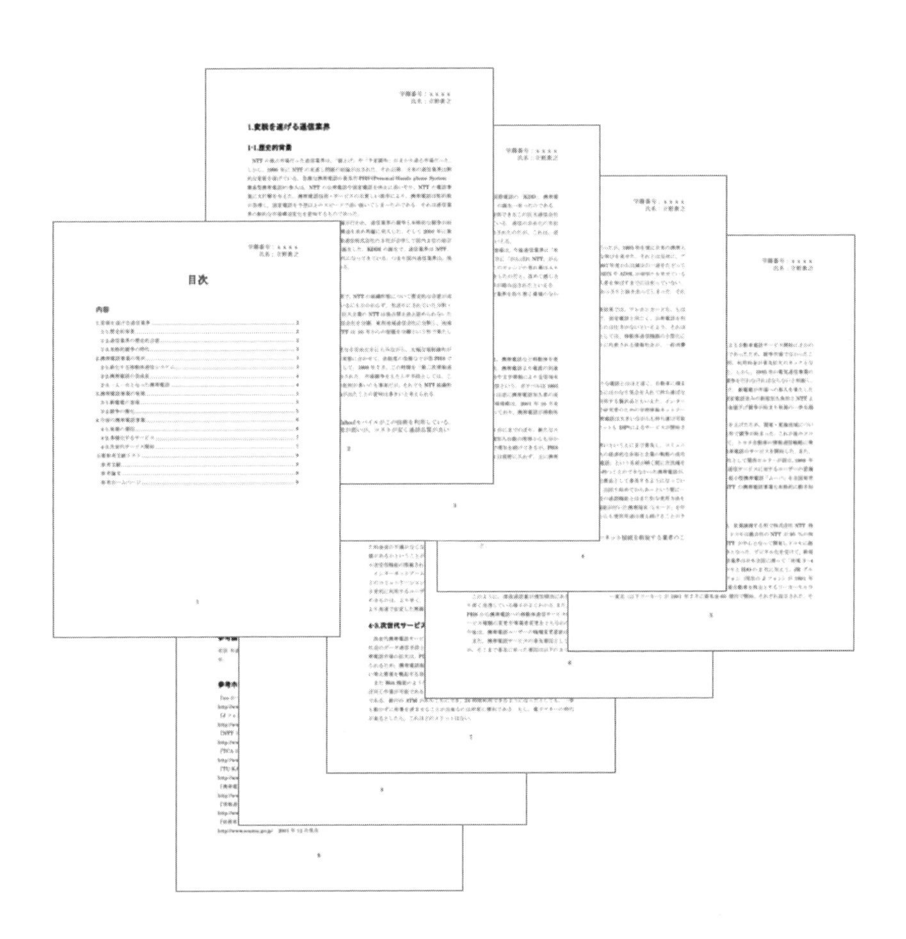

2.4.1 文字の検索と脚注の挿入

論文やレポートのように長い文章を扱う場合，正確に目的の文字列を探すことが可能な検索機能は便利である．また，置換により効率的な修正も可能で，ひとつひとつ修正していくよりよりも，文字の見落としや，修正ミスなどの心配もなく正確かつ敏速に作業ができる．

●検索と置換

ページ数が多い文書で特定の単語を検索したり，置き換えたりする機能である．検索では，文書内の該当個所が黄色く反転し，ナビゲーションウィンドウに検索結果の一覧が表示され，検索結果をクリックすると文書の該当個所にジャンプできる．

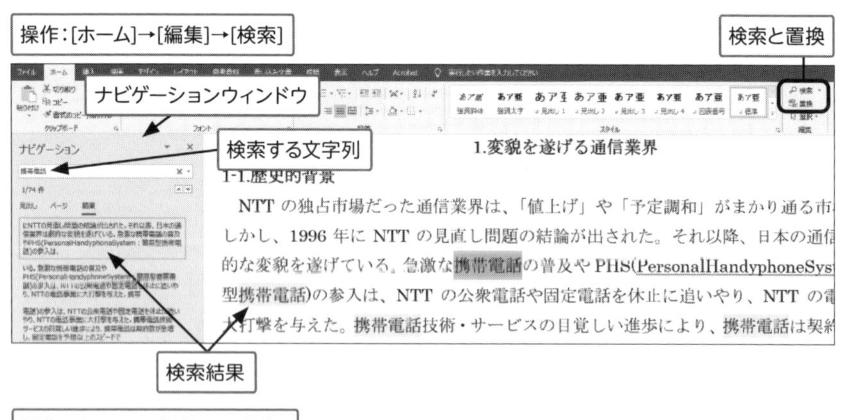

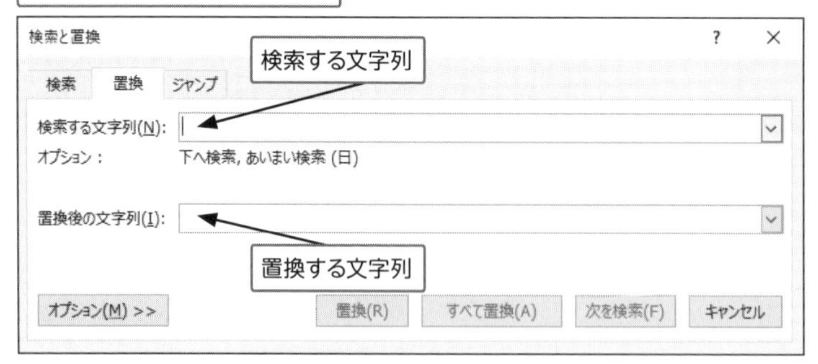

●脚注の挿入

練習 2.18 「脚注」を挿入し，語句の詳細説明をする.

①「PHS」を検索し，「PHS」の後ろにカーソルを配置.

　＊脚注は文書内の最初のワードに対して入力する.

②［**参考資料**］→［**脚注**］をクリックすると文末に脚注部分（上付き番号1）が追加.

③脚注の内容を入力.

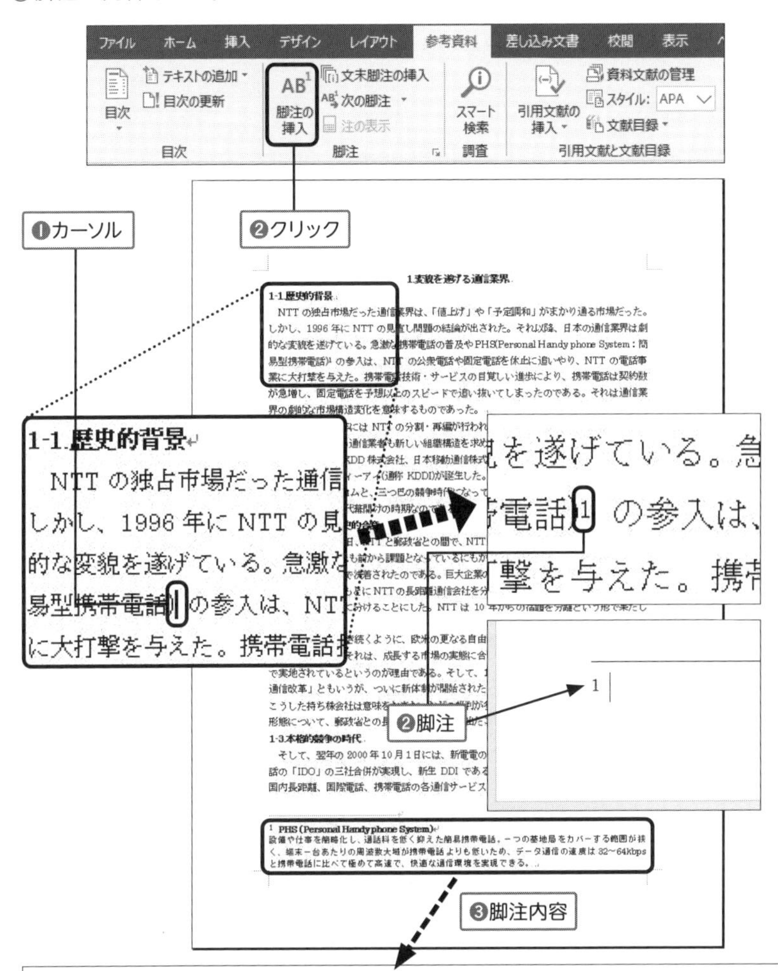

設備や仕事を簡略化し，通話料を低く抑えた簡易携帯電話．一つの基地局をカバーする範囲が狭く，端末一台あたりの周波数大域が携帯電話よりも低いため，データ通信の速度は 32 ～ 64kbps と携帯電話に比べて極めて高速で，快適な通信環境を実現できる．

実習 2.9 以下のように脚注を挿入しなさい.

1. 以下の単語を検索し，最初に検索された文字列に脚注を挿入すること.

脚注番号：2

検索単語：IP 接続サービス

脚注内容：インターネットへ接続するための定額制サービス．ユーザから回線を利用して NTT が構築した「地域 IP 網」に接続し，これを経由して，ユーザが契約した接続業者までの通信を提供する.

脚注番号：3

検索単語：ISDN（Integrated Services Digital Network）

脚注内容：電話や FAX，データ通信を統合したデジタル通信網.

脚注番号：4

検索単語：ADSL（Asymmetric Digital Subscriber Line）

脚注内容：電話の音声を伝えるのには使わない高周波数帯を利用してデータ通信を行なう高速デジタルアクセス技術の一種.

脚注番号：5

検索単語：ISP（Internet Services Provider）

脚注内容：インターネット接続業者.

脚注番号：6

検索単語：パケット通信

脚注内容：コンピュータ通信で，データをパケットと呼ばれる小さなまとまりに分割してひとつひとつ送受信する通信方式.

脚注番号：7

検索単語：キャリア

脚注内容：自前の通信設備を所有している通信事業者のこと．日本の主な携帯電話では NTT ドコモ，au，Softbank などがある.

2.4.2 目次の作成

論文やレポートのようにページ数が多い文書では，目次が必要となる．目次作成機能で，後から文書を編集した場合の追加や修正も簡単にできる．

●見出しの設定

練習 2.19　目次を作成するために，「見出し」の設定をする．

①「1. 変貌を遂げる通信業界」を選択．

②［**ホーム**］→［**スタイル**］→［**見出し 1**］をクリック．

③「1-1. 歴史的背景」を同様に［**見出し 2**］に設定．

④見出しの設定がされフォントが変更．

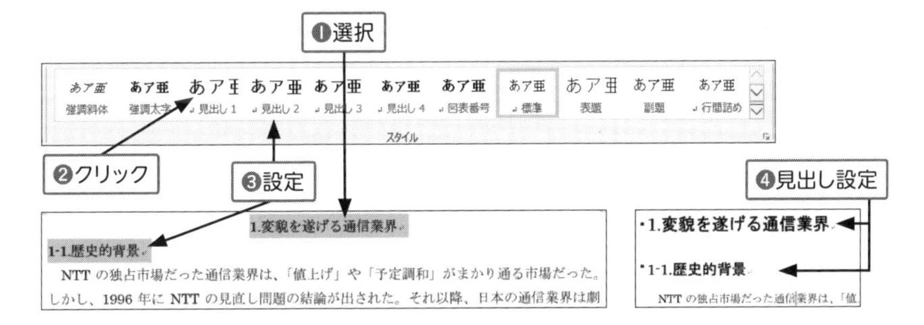

●見出しの操作と確認

見出しの設定は「ナビゲーションウィンドウ」を利用して，アウトライン表示から確認・操作が可能である．

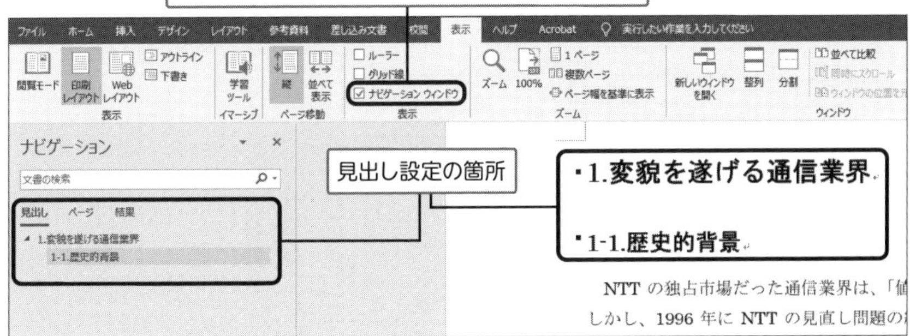

●ページ区切り

ページ区切りを利用すると，必要に応じて指定の位置から強制的に新しいページを開始できる．ページ区切りを入れておくことで，前後の文章の変更や段落の変更をするたびに次ページの位置がずれてレイアウトが崩れてしまうような影響がなくなる．

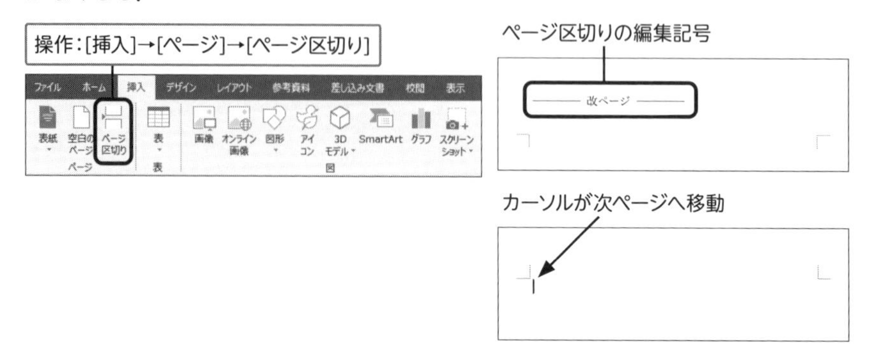

実習 2.10　見出しの設定とページ区切りをしなさい．

1. 以下の指示通りに見出しのレベル設定をすること．
2. 「主要参考文献リスト」の前にページ区切りを入れること．

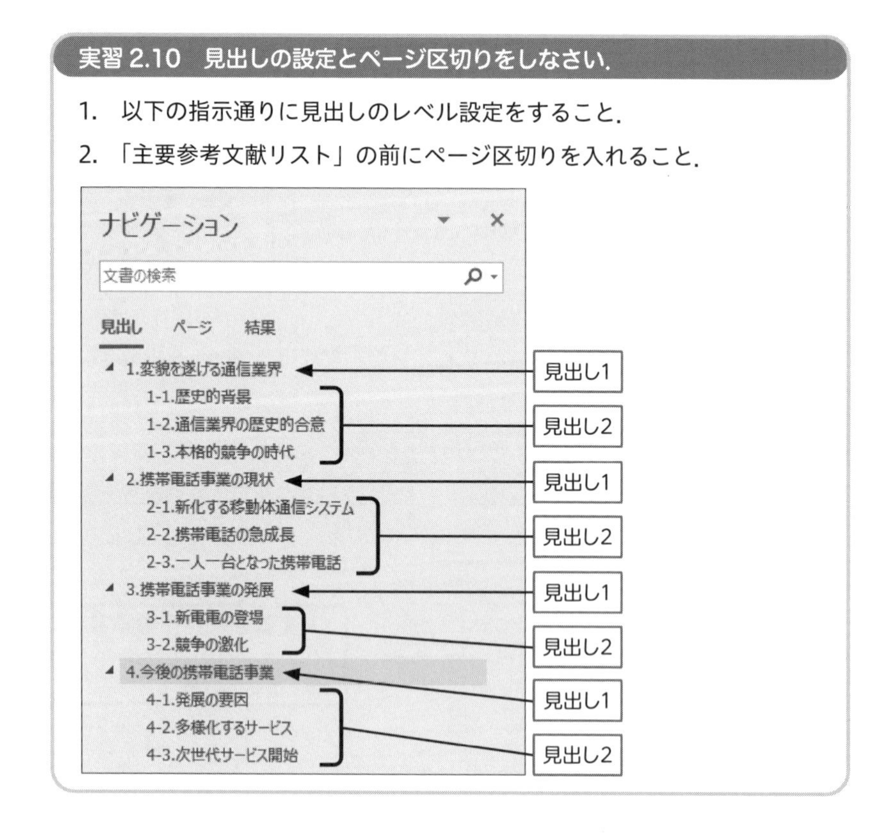

●目次の作成

練習 2.20　目次を作成する.

①「1. 変貌を遂げる通信業界」の前にページ区切りを追加.

② 1 ページ目にカーソルを配置し, [参考資料] → [目次] → [目次] をクリック.

③ プルダウンメニューの「自動作成目次 2」をクリック.

④ 目次が追加.

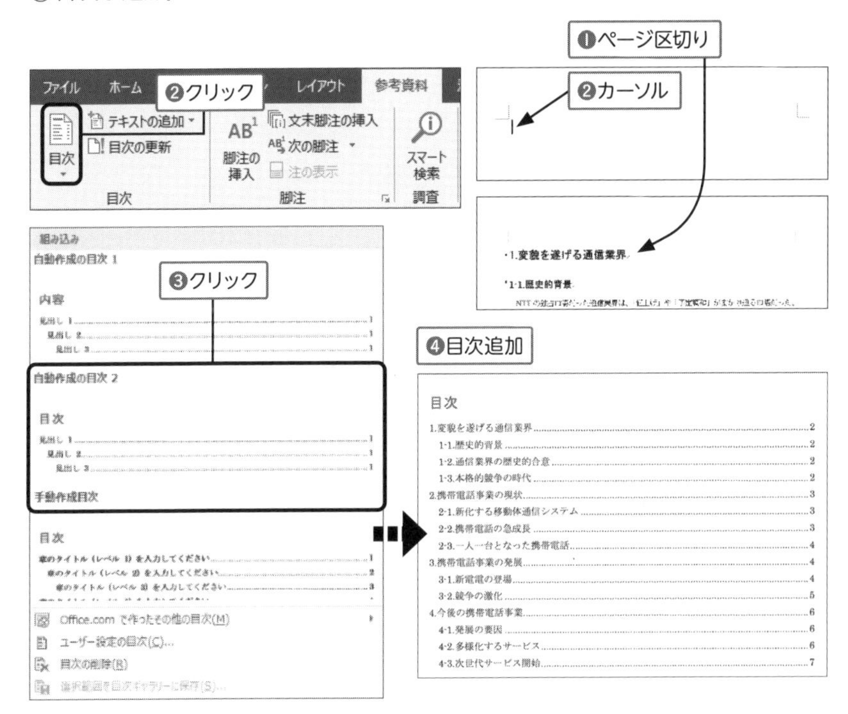

●目次の更新

目次を作成した後で文書の構成を変更した場合は，目次の更新を行う.

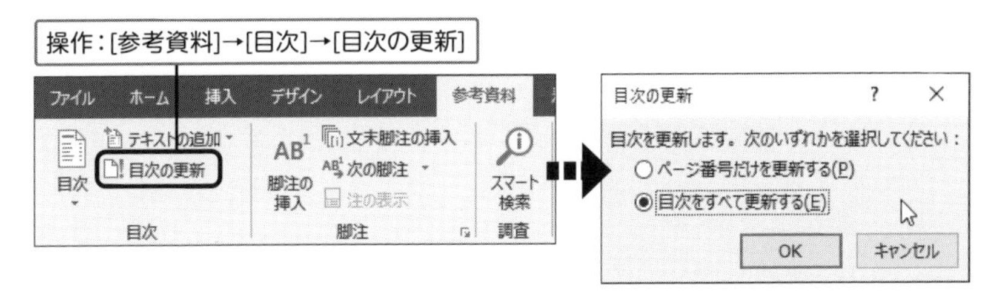

2.4.3 ヘッダーとフッター

ヘッダーとフッターは，文書の冒頭や末尾の余白に，複数ページにわたり同じ内容を表示したり，ページ番号を入れたりしたいときに利用する．ここでは，ヘッダーに作成日時と氏名，フッターにページ番号を設定する方法を紹介する．

●ヘッダーとフッター

文書の頭（ヘッド）部分に会社名やロゴなどを入れるのがヘッダー部分で，本文の下がフッター部分である．この領域に入力した情報は，複数ページある場合すべてのページの同じ位置に表示される．ヘッダーとフッターの編集画面では，点線でページの上部または下部に領域が示される．

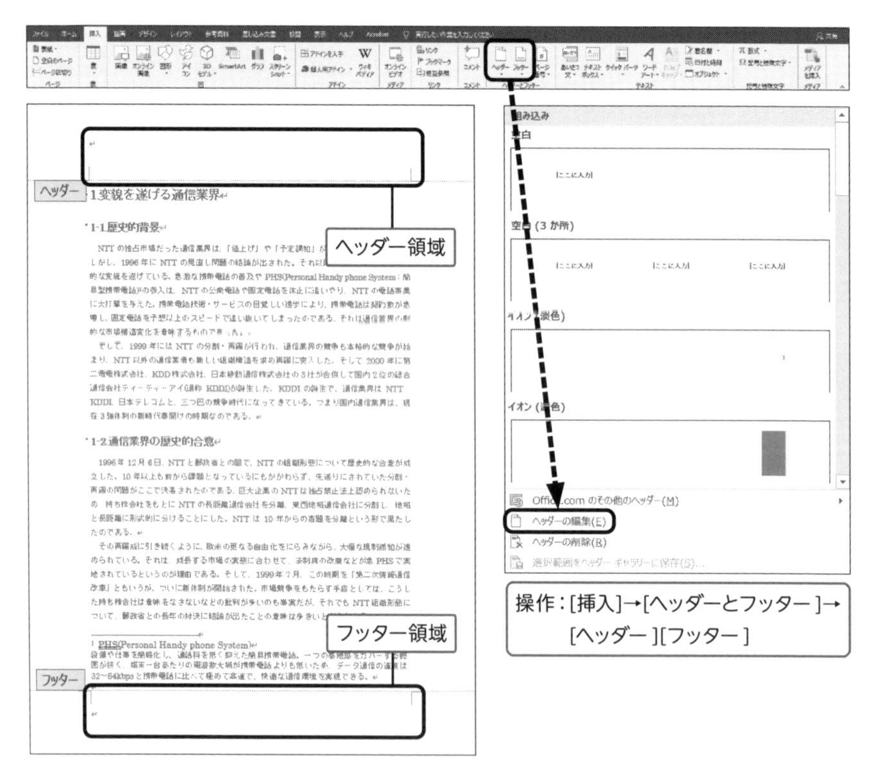

●ヘッダーに文字を追加

練習 2.21 ヘッダーに作成した日時を自動挿入させる.

①［挿入］→［ヘッダーとフッター］→［ヘッダー］→［ヘッダーの編集］をクリック.

②ヘッダーの編集画面になるので上部がヘッダーに文字を追加.

③［ヘッダー / フッターツール］の日付ボタンをクリック.

④「閉じる」をクリックする編集画面から元の画面.

⑤すべてのページの上部の余白部分に入力文字と日付が表示.

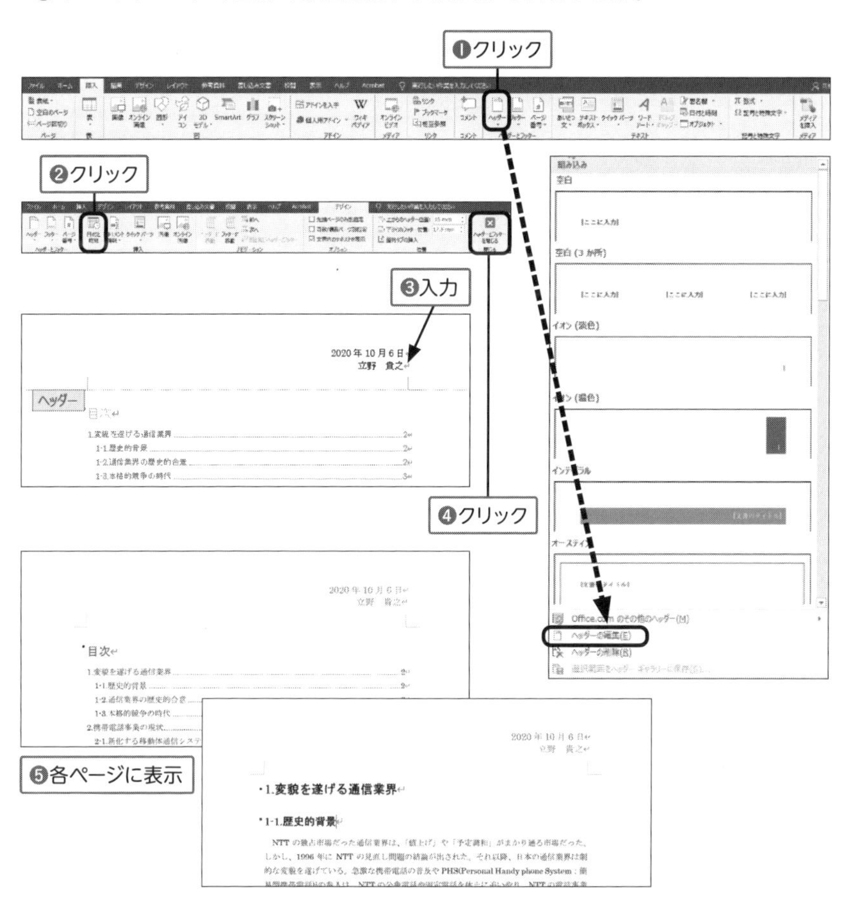

●ページ番号

練習 2.22　ページ番号を挿入する.

①[**挿入**] → [**ヘッダーとフッター**] → [**ページ番号**] をクリック.

②[**ページの下部**] → [**番号のみ 2**] をクリック.

③余白の下の部分に「1」と挿入される.

④以降のに「2」「3」「4」…と自動的に追加.

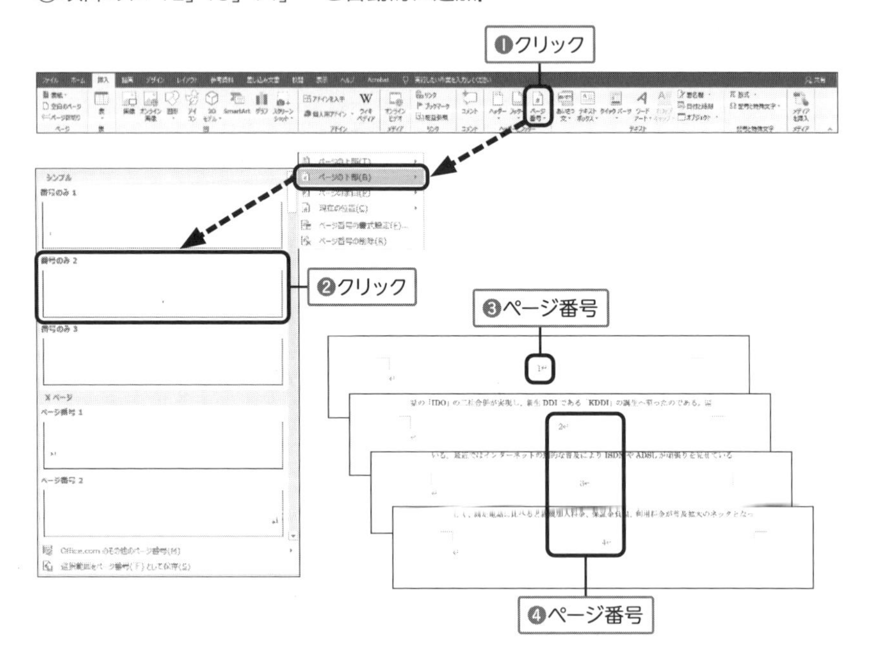

第3章

Microsoft Excel の活用

3.1 データや数式の入力

表計算とワープロソフトの表機能の大きな違いは，数式を入力することによって，簡単に計算をしてくれることである．Excel を利用するときは，まずは「セル」そして「ワークシート」を使いこなさなければならない．そして，計算式の入力や関数の利用を理解し，できるだけ効率よく表を完成させていく．Excel を理解する近道として，これらの操作を覚えよう．

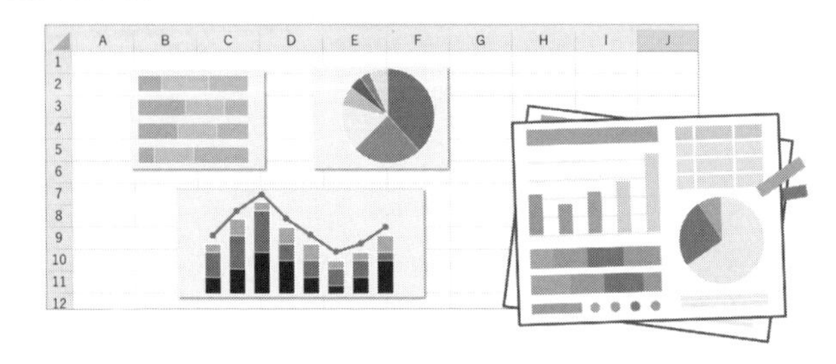

Excel の基本操作

Excel ではファイルのことをブックと呼び，1 つのブックの中に複数のワークシートを作ることができる．ワークシートはコンピュータ上での計算用紙のことで，行と列によって格子状に区切られており，その四角形の区分けされている部分をセルと呼ぶ．そして，そのセルに数値や文字を入力する．セルの場所は行番号と列番号で指定し，たとえば，「A1」とは「A 列の 1 行目」になる．作業を効率よく行うために，ブックだけでなく，ワークシートごとに名前を付けて管理する．なお，Excel におけるいくつかの基本操作，たとえば文字の修飾(フォントや文字色の変更など)，コピー & ペーストなどは Word と共通である．

表計算の基本

Excel では四則演算を含む算術演算子と，数値やセル番地を利用し，計算式をセルに記述することで，その計算結果が表示される．他にも関数と呼ばれる自動計算機能も付いている．式は必ず「＝(イコール)」から始まる．

セル A とセル B を足し算する場合

＝「セル A の番地」＋「セル B の番地」

3.1.1 セルの操作

Excel の特徴は，データ入力するための「セル」と呼ばれるマス目で構成されていることである．文字入力や数式データの計算はすべてセルで行う．まずは，セルについて理解してから，いろいろと覚えていこう．

●行番号と列番号とセル番地

Excel では，データはセルと呼ばれるマス目の中に入力する．セル番地を指定した計算式を入力しておくと，元データを修正するたびに再計算し，常に最新の計算結果の状態を保つのが特徴である．行番号は 1 行，2 行と表し，列番号は A 列，B 列と表す．

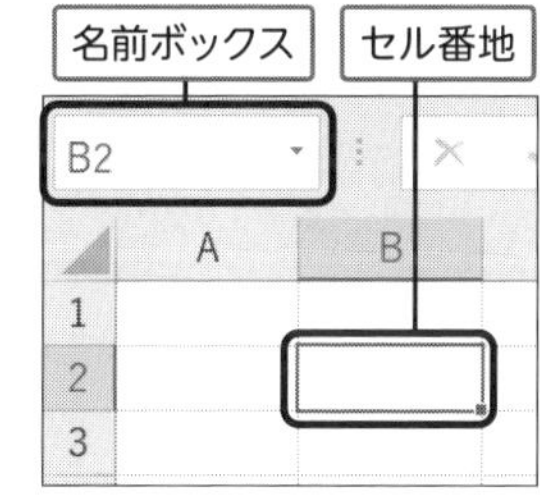

セル番地はワークシート内でのセルの位置を示し，列番号に行番号を付けて表現する．たとえば，B 列の 2 行目のセルは，セル番地 B2 となる．このように Excel ではセルの位置をセル番地で呼ぶ．セル番地はメニューバーの「名前ボックス」に表示される．

●行と列の操作

行番号「2」をクリックすると，「2」の行全体が選択，列番号「C」をクリックすると，「C」の列全体が選択される．「全セル選択ボタン」をクリックすると，セル全体が選択される．

列番号「A」と「B」の間にカーソルを合わせると，アイコンが に変わる．高さも同様に行番号「1」と「2」の間にカーソルを合わせると，アイコンが に変わり，幅と高さの変更が可能である．

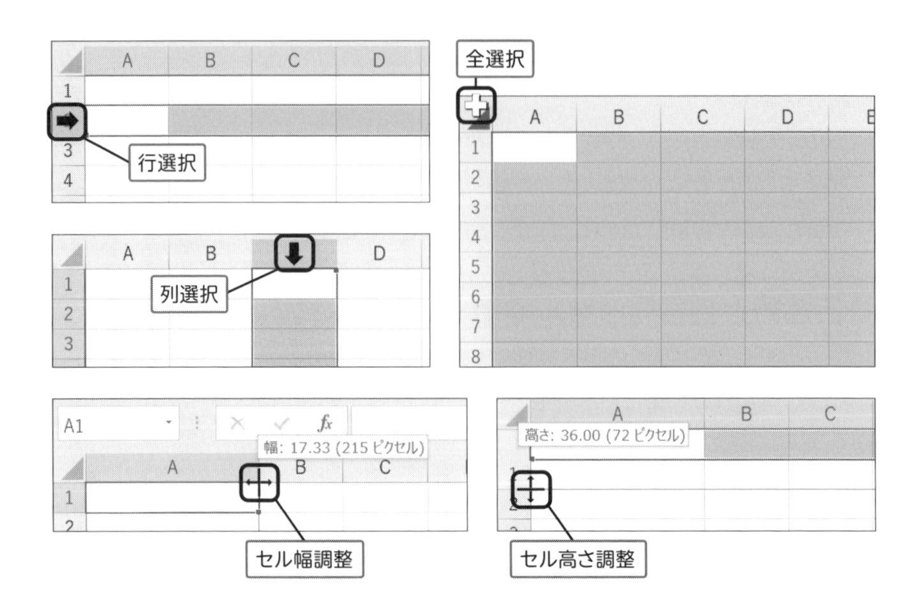

●セルの操作

練習 3.1　セルを操作する.

①マウスのカーソルが✚の状態で「D5」のセルをクリック.

②クリックするとアクティブセルが「D5」へ移動.

③セルの移動はキーボード操作で行うことが可能.

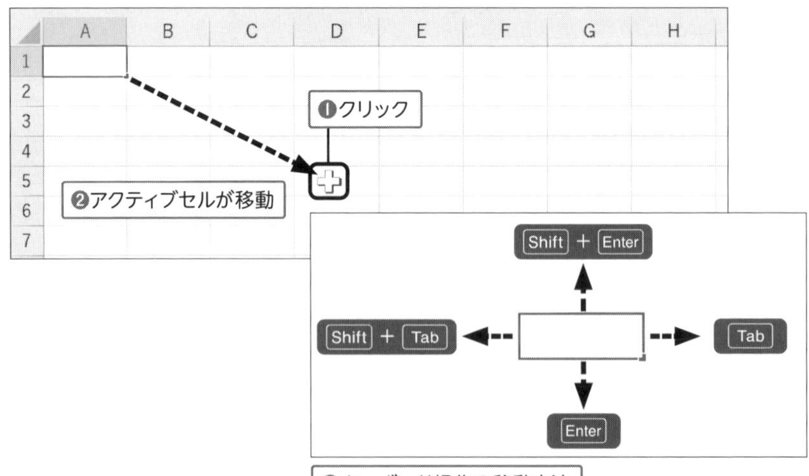

文字と数字の入力

練習 3.2　セルに文字列を入力する.

①B1 をアクティブにし「全国支店別売上」と入力.

②数式バーにも同じ内容が表示.

③「B4」をアクティブにし，全角で「２９６」と入力.

④ Enter キーを 2 回押すと，数字は半角で確定.

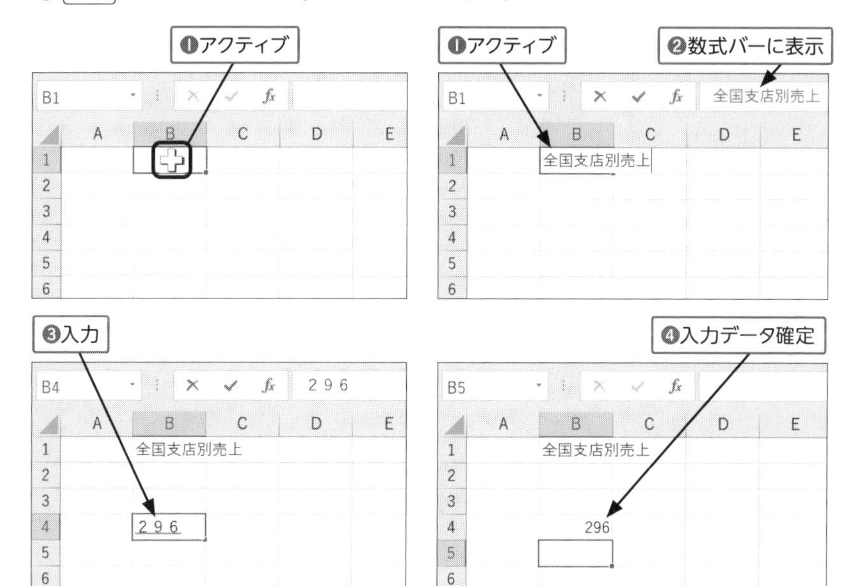

文字列と数値

セルに入力するデータには，文字として認識される文字列データと，計算に利用可能な数値として認識される数値データがある．練習 3.2 の場合，「全国支店別売上」は文字列，「296」は数値として扱われている．文字列は左揃え，数値は必ず半角で表記され，自動的に右揃えになる．確定後のデータを修正するときは，セルをダブルクリックしてセル内で削除するか，数式バーのどちらかで修正する．

文字列は左揃え　　数値は右揃え

札幌	296	305	365
仙台	310	320	300
埼玉	305	314	390

実習 3.1 以下のようにデータ入力をしなさい.

1. 下図のように文字列と数値を入力すること.

	A	B	C	D	E	F	G
1		全国支店別売上					
2							
3	支店名	1月					
4	札幌	296	305	365	320		
5	仙台	310	320	300	310		
6	埼玉	305	314	390	350		
7	東京	950	980	1200	980		
8	横浜	700	790	1050	820		

●データの選択と移動

練習 3.3 範囲選択と移動をする.

①「A1」から「E8」のセルまでドラッグで範囲選択.

②「A1:E8」が選択された状態で，ポインタをラインの上へ移動.

③ポインタが ✥ の状態でドラッグ.

④「B3:F10」でドラッグを解除すると，選択範囲のデータが移動.

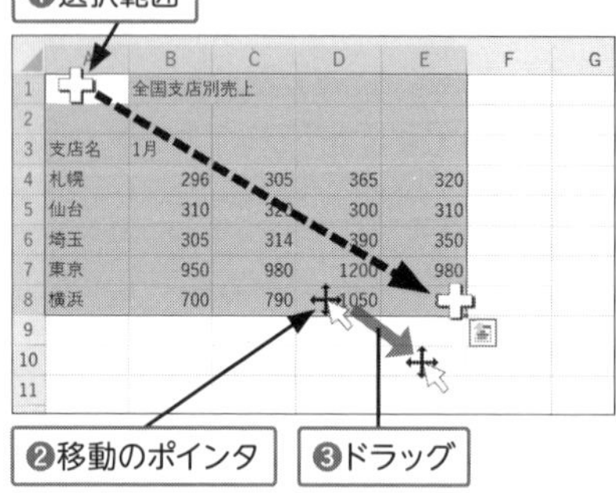

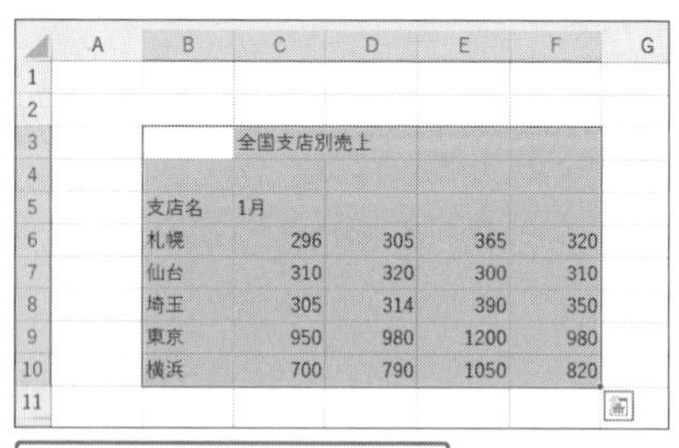

● マウス操作と Shift / Ctrl キー

練習 3.4　マウスとキーボード操作を利用して範囲選択をする.

① B5 をアクティブにし，B10 のセルで Shift キーを押しながらクリック.

②選択範囲が B5:B10 に設定.

③ B6:F6 の範囲をドラッグし，Ctrl キーを押しながら B8:F8 をドラッグ.

④離れた場所にあるセルをまとめて選択範囲に設定.

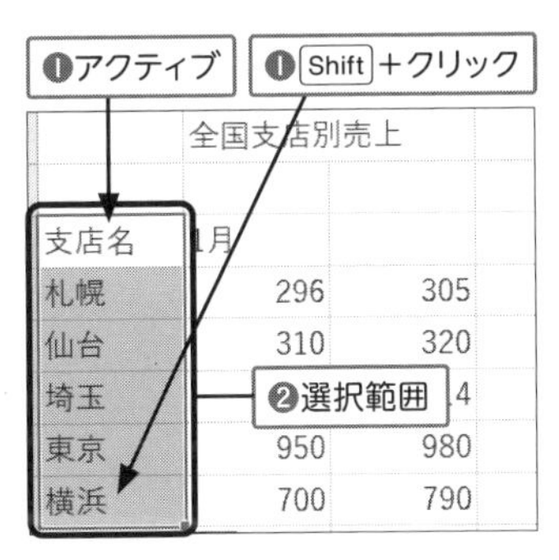

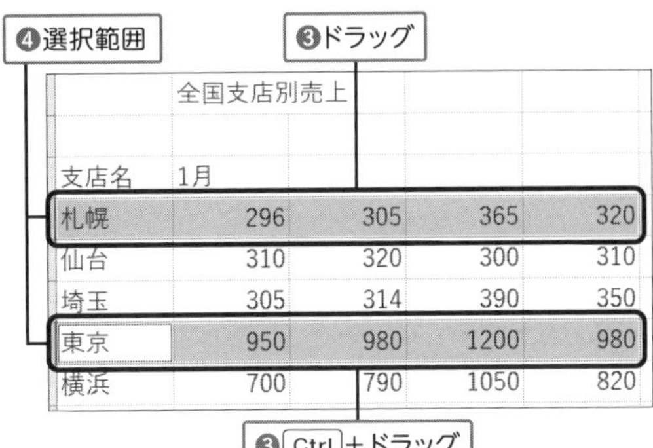

● マウスポインタの形状

マウスポインタは，用途によって形が変わる．マウスポインタの形を理解することは非常に重要である．この形が理解できると，現在どのような操作を行っているのかがすぐにわかり，操作をすばやく行うことができる．

- セル・セル全体を選択する場合 ……………… ✚(白抜き十字)
- セルを移動する場合 ……………… 矢印付き十字
- データ入力・編集する場合 ……………… I
- セル幅を変更する場合 ……………… 左右矢印
- セルの高さを変更する場合 ……………… 上下矢印
- セルをコピーする（フィルハンドルを利用する）場合 ……………… ＋
- 行全体を選択する ……………… ➡
- 列全体を選択する ……………… ⬇

3.1.2　ワークシートの操作

Excel ではデータをブック（ファイル）の単位で保存しておくことが可能で，ブックには複数のワークシートを含め管理することができる．ワークシートは必要に応じて追加，削除，移動が可能で，見出しのタブで切り替えができる．

●ワークシートの追加と切り替え

練習 3.5　ワークシートを追加し，切り替え作業を行う．

①画面左下の［**Sheet1**］の右にある⊕をクリックすると［**Sheet2**］が追加．

②［**Sheet1**］をクリックすると，［**Sheet1**］に切り替え．

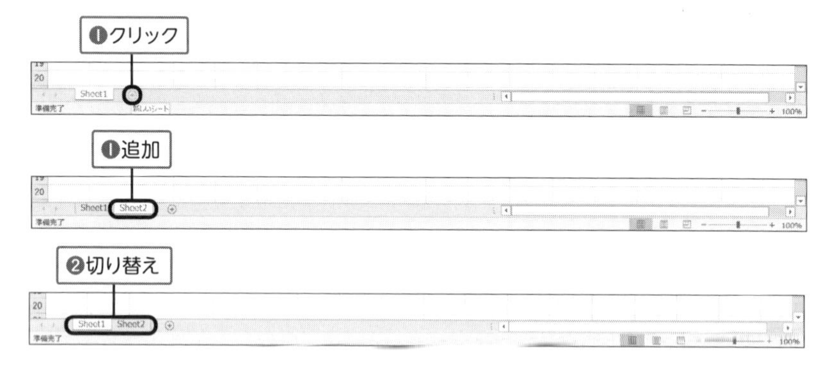

●ワークシートの削除と移動

不要なワークシートは右クリックメニューから削除できる．また，ワークシートの場所を移動したい場合はドラッグ操作で可能である．

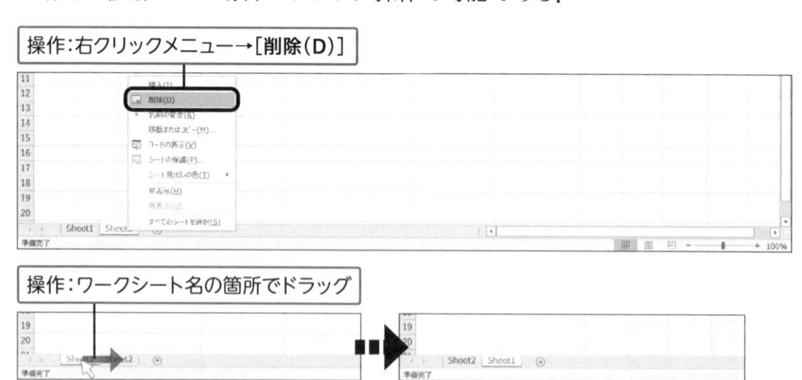

●ワークシート名の変更

練習 3.6　ワークシート名を変更する.

① [**Sheet1**] のワークシート見出しの上でダブルクリック.

② Delete キーを押すと文字が削除.

③「全国支店別売上」と入力し Enter キー.

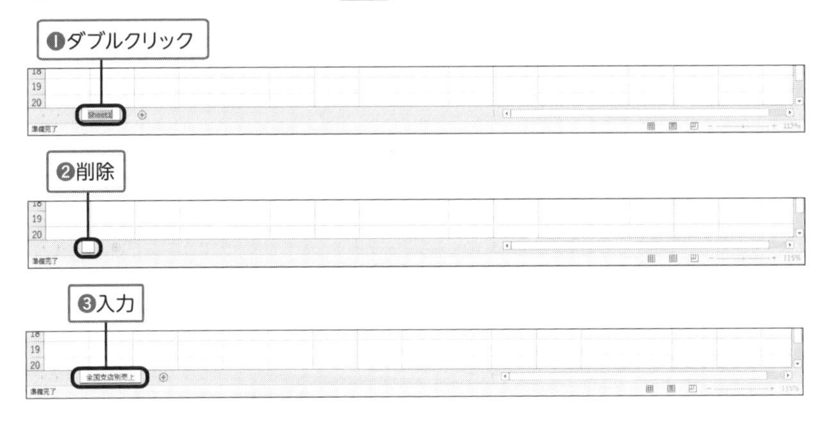

●ワークシートの管理

Excel ではセルに入力したデータを保存する場合，ワークシートをブックという単位で保存する．たとえば，売上の管理を月ごとにデータを管理しようとした場合，月ごとにワークシートを分けてデータを管理し，1 つのファイルとして保存しておくことが可能である.

1年間の売上を管理

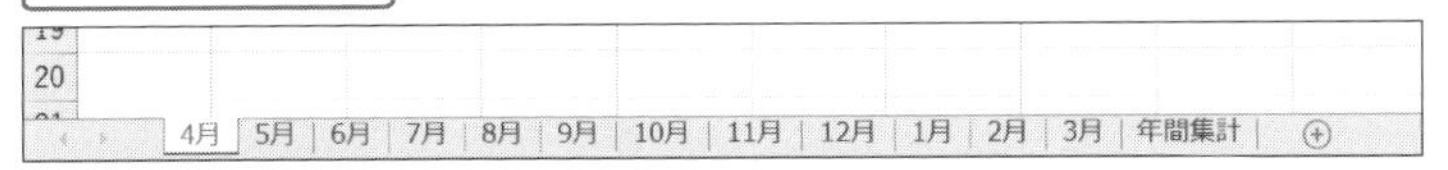

実習 3.2　以下のようにワークシートを追加・操作しなさい.

1. 「**Sheet2**」のシート名を「営業部上期売上集計」に変更すること.
2. 「**Sheet3**」のシート名を「セル参照練習問題」に変更すること.

3.1.3 データの入力操作

Excelには，連続データの入力やコピーができる「オートフィル機能」が備わっている．連続データを含む文字列（たとえば，日付，時刻，日，週，月，干支，曜日）のように，ある一定の規則性を持つデータであれば，自動的に連続データを作成できる．また，数式入力では，セル番地を利用することで，コピー先に合わせて数式内の参照セルを調整する操作方法もある．

●数式のデータ

Excelでは，「＝（イコール）」で始まるデータを数式として認識する．直接数値を入力するのではなく，セル番地で数式を作成するほうが効率的である．計算方法は，四則演算子による数式を入力する場合や，関数と呼ばれる計算機能を使用することも可能である．関数については3.1.4項を参照のこと．四則演算は以下のとおりである．

足し算：＋ ⇒ セル「A1」と「A2」の足し算の場合は **「=A1+A2」**
引き算：－ ⇒ セル「A1」と「A2」の引き算の場合は **「=A1-A2」**
掛け算：＊ ⇒ セル「A1」と「A2」の掛け算の場合は **「=A1*A2」**
割り算：／ ⇒ セル「A1」と「A2」の割り算の場合は **「=A1/A2」**

●オートフィル

練習 3.7 フィルハンドルを利用して連続データのコピーを行う．

① C5セルの右下へカーソルを持っていくと，カーソルの形が変更．

② F5までドラッグすると連続データがコピー．

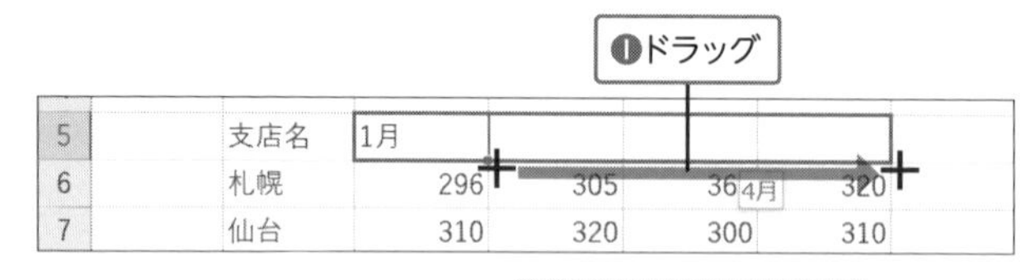

●オートフィルオプション

オートフィル機能では，曜日や年数など連続したデータを自動入力できる．また，オプションを利用して，単純にコピーをするか連続データとしてコピーをするかなど選ぶことができる．

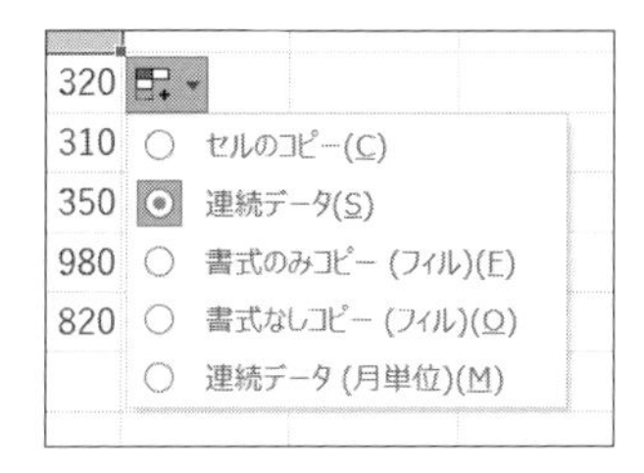

●数式の入力

練習 3.8　数式を入力し，合計を出す．

①「G6」をアクティブにして，数式バーに「=C6+D6+E6+F6」と入力．

② Enter キーを押すと，計算結果が表示される．

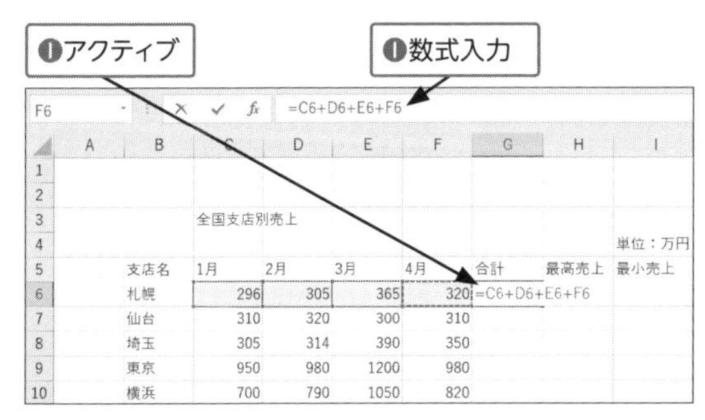

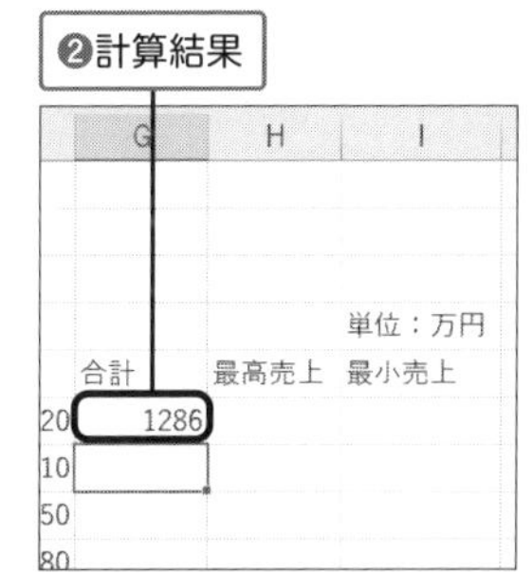

●数式の入ったセルのコピー

練習 3.9　数式をコピーする．

①「G6」をアクティブにし，フィルハンドルで「G10」までドラッグ．

②計算式がコピーされる．

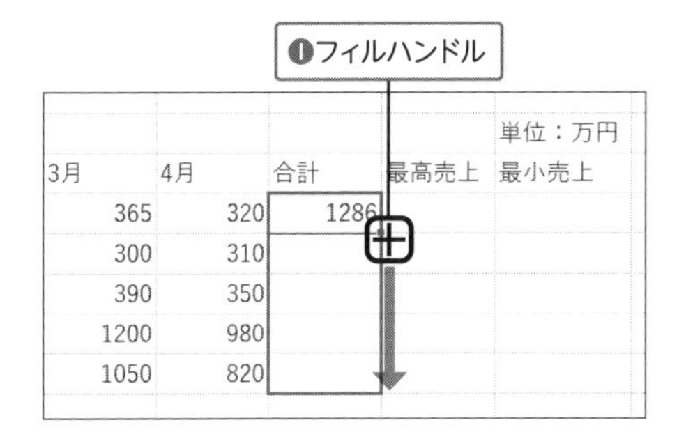

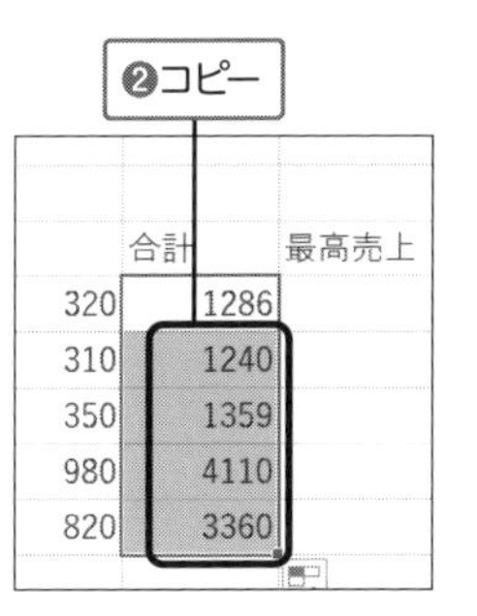

③「G7」の数式が「C6+D6…」→「C7+D7…」に変わることを確認.

	A	B	C	D	E	F	G	H	I
1									
2									
3			全国支店別売上						
4									単位：万円
5		支店名	1月	2月	3月	4月	合計	最高売上	最小売上
6		札幌	296	305	365	320	1286		
7		仙台	310	320	300	310	1240		

● セルデータの変更と再計算

数式を入力する場合，セル番地を利用すると非常に便利である．後からセル内の値が変更された場合でもセル番地を参照させておけば，計算結果も自動的に変更してくれる．たとえば，E6の数値を「250」に変更すると，G6の合計の値が再計算され「1171」と表示される．E6の数値を「365」に戻すと，同様にG6の合計の値が「1286」と再計算される．

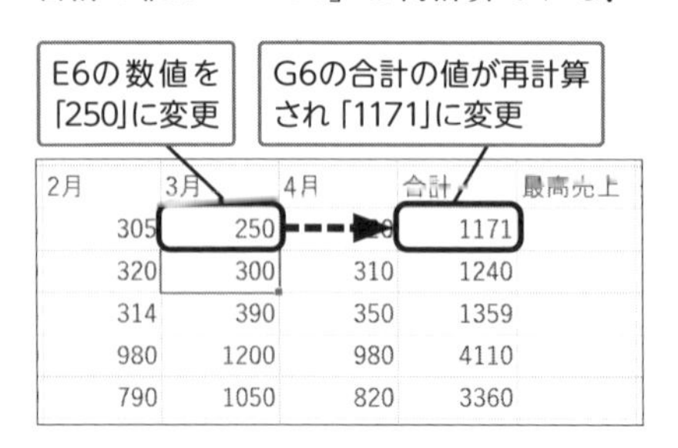

2月	3月	4月	合計	最高売上
305	250		1171	
320	300	310	1240	
314	390	350	1359	
980	1200	980	4110	
790	1050	820	3360	

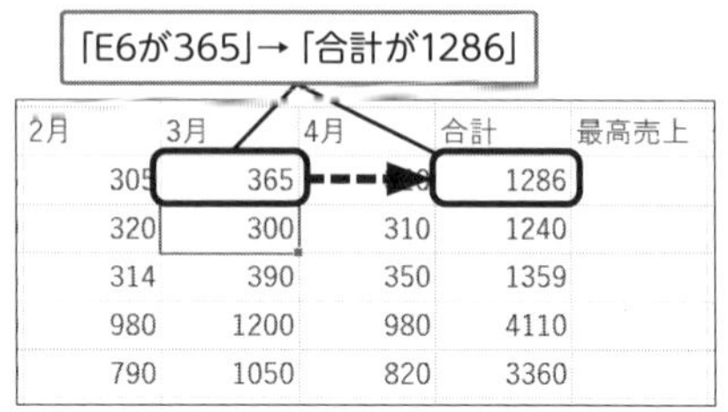

2月	3月	4月	合計	最高売上
305	365		1286	
320	300	310	1240	
314	390	350	1359	
980	1200	980	4110	
790	1050	820	3360	

● セルデータの特徴

数式コピーで参照があった場合，数式の入力されているセルを基準にして，参照しているセルの位置を相対的に参照するため，セルの位置に応じて参照先のセルが自動的に変化する．これをセルの「相対参照」と言い，セル番地を利用した数式コピーは，参照関係を保ったまま列位置，行位置が変化するので，計算式を繰り返し入力する手間が省ける．

3.1.4　関数の入力

関数とは，目的の計算を簡単に行うために，あらかじめ用意されている数式のことである．数値だけでなく文字列の処理を行う関数もある．ここでは，頻度の高い関数を紹介する．

●関数とは

関数は，「目的の処理をするための仕組み」で，複雑な計算も簡単に行ってくれる便利な機能である．Excel には，あらかじめプログラムとして組み込まれている計算機能と考えよう．

たとえば，SUM は合計を計算する関数で，引数（関数に入れる値）に指定した内容を全部足す．関数名（引数，引数，…）という構成になる．関数名は「引数をどう処理するのか？」という命令になる．

膨大なデータがある場合，数値やセルの 1 つ 1 つを指定しながら数式を入力していては，いくら時間があっても足りない．この関数機能を利用すれば，範囲を指定するだけで範囲内の計算をしてくれるので，非常に手間が省ける．これが関数の利点でもある．最も頻度の高い関数は，［Σオート SUM］のボタンの▼部分，それ以外は *fx* のボタンをクリックすると呼び出すことができる．

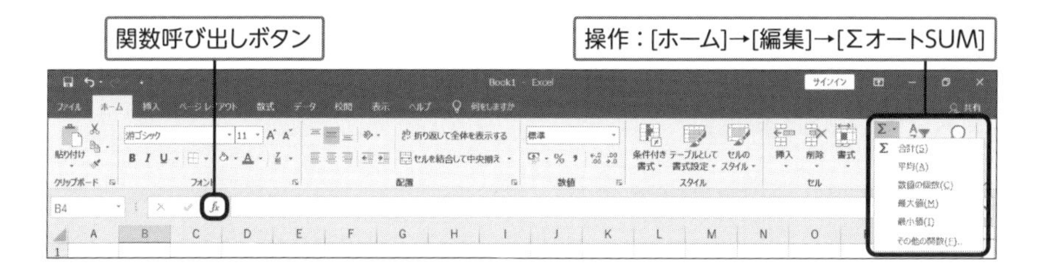

●SUM 関数

練習 3.10 「全国支店別売上」のシートを利用して，合計を求める．

①「B11」に「合計」と入力し，「C11」をアクティブ．

②ツールバーの「オート SUM ボタン」をクリック．

③自動的に範囲が設定され，「=SUM(C6:C10)」と数式が入力．

④ Enter キーを押すと，計算結果が表示．

⑤フィルハンドルで計算式をコピー．

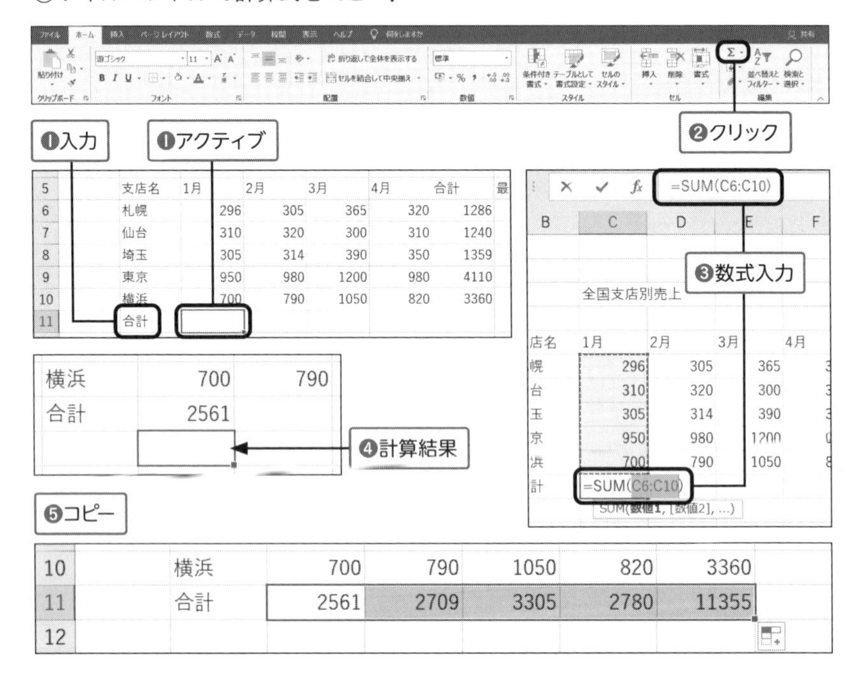

●AVERAGE 関数

練習 3.11　平均を求める．

①「B12」に「平均」と入力し，「C12」セルをアクティブ．

②ツールバーの［**オート SUM**］ボタンの右にある［▼］→［**平均 (A)**］クリック．

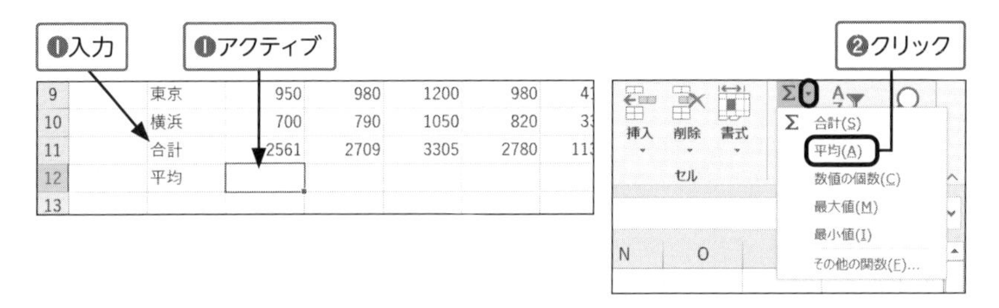

③範囲が「C6:C11」と指定(この指定範囲は誤り).

④「C11」の合計は含まないので,「C6:C10」と正しい範囲で再選択.

⑤数式の選択範囲が変更されることを確認.

⑥ Enter を押すと計算結果が表示.

⑦フィルハンドルで計算式をコピー.

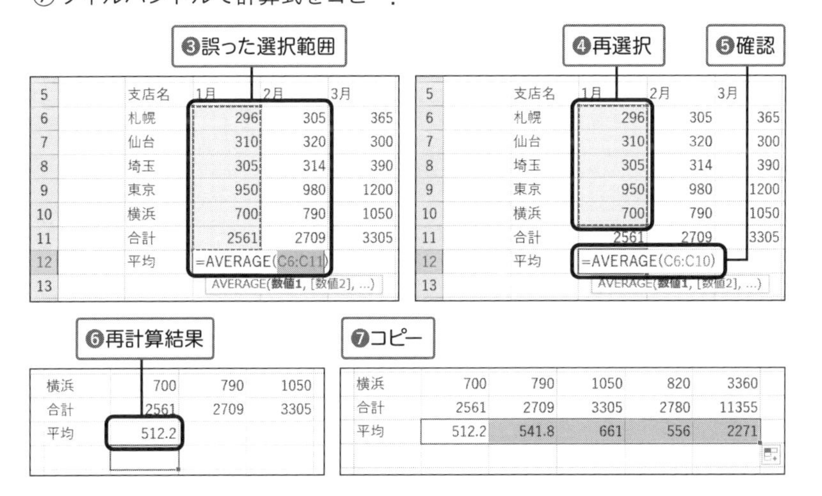

●MAX・MIN 関数

頻度の高い関数では,指定範囲から最大値と最小値を引き出す関数がある.最大値は MAX,最小値は MIN という関数を利用する.

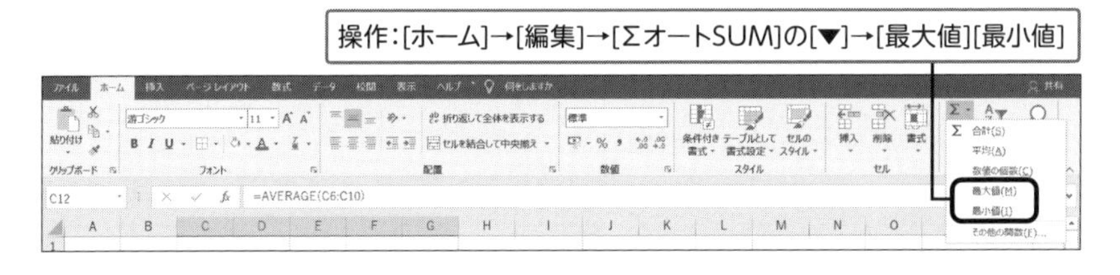

●計算ミス

関数の利用は便利であるが，自動的に計算結果を出力してくれるため，計算ミスに気づかないことが多々ある．こういう計算ミスは，コンピュータ側が計算ミスをしているわけではなく，選択範囲の指定を誤ったなどの人間側のミスである．基本的には，コンピュータ自身が計算を間違えることはありえない．特に見かけることが多いのは，自動選択をしたために「範囲指定を間違えてしまった」というミスである．計算結果がおかしいと思ったら，指定範囲が誤っていないか確認してみよう．

●頻度の高い関数

Excel の関数を使えば，便利な処理を簡単にこなすことができ，活用の幅がかなり広がる．どのような関数が Excel で利用することができるのかを頭の片隅に入れておくと，知らず知らずのうちに身に付いていく．すべての関数を覚える必要はないが，使えそうな関数を記憶の隅に残しておくといいかもしれない．

計算	足し算・掛け算	SUM　PRODUCT
	余りと商	MOD　QUOTIENT
	数字の広がりチェック	AVERAGE　MAX　MIN　MEDIAN　MODE
	条件で計算	COUNTIF　SUMIF
	期間	DATEDIF
	切り上げ、切捨て	ROUND　ROUNDUP　ROUNDDOWN　INT　TRUNC
	財務	PMT　PPMT　RATE　RECEIVED
	セルの数	COUNT　COUNTA　COUNTBLANK
	乱数	RAND　RANDBETWEEN
日時	現在の日時	NOW　TODAY
	日時の一部を取り出す	YEAR　MONTH　DATE
	曜日を数値にする	WEEKDAY
論理	条件	IF　AND　OR　NOT
その他	順位	RANK　ARGE　SMALL
	データの種類チェック	TYPE
	ふりがな表示	PHONETIC

実習 3.3 以下のように計算をしなさい.

1. 「営業部上期売上集計」に下記の文字や数字を入力すること.
2. 第一営業部～第五営業部の合計を SUM 関数を利用して求めること.
3. 4 月から 8 月それぞれの合計を SUM 関数を利用して求めること.
4. 4 月から 8 月それぞれの平均を AVERAGE 関数を利用して求めること.
5. 式を入力したらオートフィルを利用して，数式をコピーすること.
6. 売上最高を MAX 関数を利用して求めること.
7. 売上最低を MIN 関数を利用して求めること.

営業部上期売上集計						
						単位: 千円
部署名	4月	5月	6月	7月	8月	合計
第一営業部	20744	17385	16937	17323	15666	88055
第二営業部	43104	39784	39612	38948	36153	197601
第三営業部	34052	31429	31293	30768	28560	156102
第四営業部	25119	22078	21509	22000	19895	110601
第五営業部	24328	21383	20832	21307	19269	107119
合計	147347	132059	130183	130346	119543	
平均	29469.4	26411.8	26036.6	26069.2	23908.6	
売上最高	43104	39784	39612	38948	36153	
売上最低	20744	17385	16937	17323	15666	

3.2 セルの編集と表の作成

表計算ソフトは，セルの表示形式の設定をすることで，ワープロソフトに比べて表をきれいに整える操作が簡単である．ここでは，計算式を利用した表を作成したうえで，表を見やすく整えていく．

全国支店別売上

単位：万円

	支店名	1月	2月	3月	4月	5月	合計	最高売上	最小売上	支店別割合
東日本地区	札幌	¥296	¥305	¥365	¥320	¥310	¥1,596	¥365	¥296	9.93%
	仙台	¥310	¥320	¥300	¥310	¥337	¥1,577	¥320	¥300	9.81%
	埼玉	¥305	¥314	¥390	¥350	¥365	¥1,724	¥390	¥305	10.72%
	東京	¥950	¥980	¥1,200	¥980	¥1,140	¥5,250	¥1,200	¥950	32.66%
	横浜	¥700	¥790	¥1,050	¥820	¥922	¥4,282	¥1,050	¥700	26.63%
	千葉	¥338	¥340	¥325	¥315	¥330	¥1,648	¥340	¥315	10.25%
	合計	¥2,899	¥3,049	¥3,630	¥3,095	¥3,404	¥16,077	¥3,630	¥2,899	100.00%
	平均	¥483	¥508	¥605	¥516	¥567	¥2,680	¥605	¥483	

営業部上期売上集計

単位：千円

部署名	4月	5月	6月	7月	8月	9月	合計	構成比
第一営業部	¥20,744	¥17,385	¥16,937	¥17,323	¥15,666	¥19,500	¥107,555	13.3%
第二営業部	¥43,104	¥39,784	¥39,612	¥38,948	¥36,153	¥45,200	¥242,801	30.0%
第三営業部	¥34,052	¥31,429	¥31,293	¥30,768	¥28,560	¥35,709	¥191,811	23.7%
第四営業部	¥25,119	¥22,078	¥21,509	¥22,000	¥19,895	¥24,758	¥135,359	16.7%
第五営業部	¥24,328	¥21,383	¥20,832	¥21,307	¥19,269	¥23,978	¥131,097	16.2%
合計	¥147,347	¥132,059	¥130,183	¥130,346	¥119,543	¥149,145	¥808,623	100.0%
平均	¥29,469	¥26,412	¥26,037	¥26,069	¥23,909	¥29,829	¥161,725	
売上最高	¥43,104	¥39,784	¥39,612	¥38,948	¥36,153	¥45,200	¥242,801	
売上最低	¥20,744	¥17,385	¥16,937	¥17,323	¥15,666	¥19,500	¥107,555	

計算式の入力や関数の利用を説明し，できるだけ効率よく表を完成させていく方法を説明する．効率よくと一口に言ってもいろいろあるが，ここではセルの参照を利用して，セルの参照位置を変更させる相対参照とセルの参照位置を固定させる絶対参照を学ぶことに重点を置く．この機能は，Excelを使ううえでは必須事項と言ってもいいであろう．必ず理解するようにしよう．

3.2.1 セルの参照

セル参照は，Excel の様々な機能に対して応用が可能である．数式や関数の利用のみならず，グラフ作成やデータベース機能を利用する場合にも，この機能を利用して，作業を効率化することが可能である．セルの参照を理解することを第一歩に，Excel をうまく活用する方法や可能性を広げよう．

●相対参照と絶対参照

数式コピーでセル参照があった場合，セルの場所に応じてセル参照が自動的に変化する．これをセルの「相対参照」と言う．「相対参照」を利用した数式コピーは，参照関係を保ったまま列位置，行位置が変化するので，計算式を繰り返し入力する手間が省ける．

▶相対参照

式を入力したセルから，参照先のセルへの位置関係を指定する．たとえば，「=D3」と入力したセルを，左へ 3 つ，上へ 2 つ移動した先のセルにコピーすると，参照先のセルが移動する．

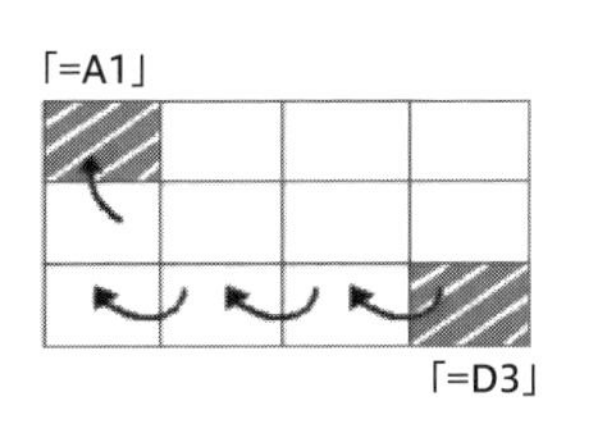

▶絶対参照

参照先として，決まったセルを指定する．絶対参照は，式をほかのセルに複写しても同じセルを参照する．たとえば，同じようにセルをコピーした場合，「$」の記号が付いていると，参照先が固定されたままになる．

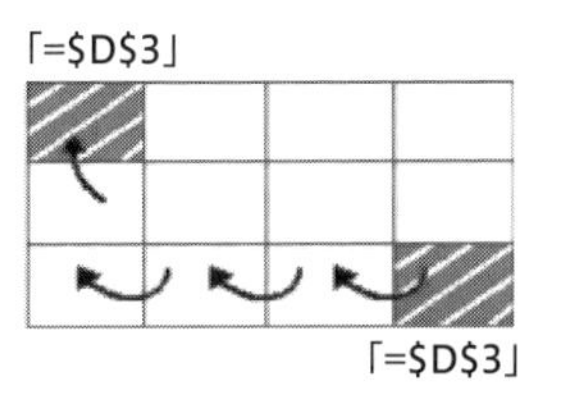

表計算では，数式を作成して計算することが多くある．このとき，数値を直接入力するのではなく，数値の入力されたセル内の値を参照させる「セル参照」の方法を説明してきた．セルの参照方法は，今まで説明してきた「相対参照」と「絶対参照」がある．より効率よく作業を進めていくうえで，絶対参照は欠かせない事項である．

●行・列の挿入と再計算

練習 3.12 「全国支店別売上」表を利用し，行と列の挿入と再計算をする．

①「G」の列を選択し，[**ホーム**] → [**セル**] の [**挿入**] をクリック．

②「4 月」と「合計」の間に列が挿入されるので，「G5」に「5 月」と入力．

③「G6:G10」セルにそれぞれ数値を入力．

④フィルハンドルで「平均」と「合計」の数式をコピー．

⑤「合計」「最高売上」「最小売上」は，自動再計算されることを確認．

⑥同様に「11」に行を挿入し「千葉」と数値を入力．

⑦「合計」「平均」は自動的再計算．

⑧「平均」と「合計」の数式をコピー．

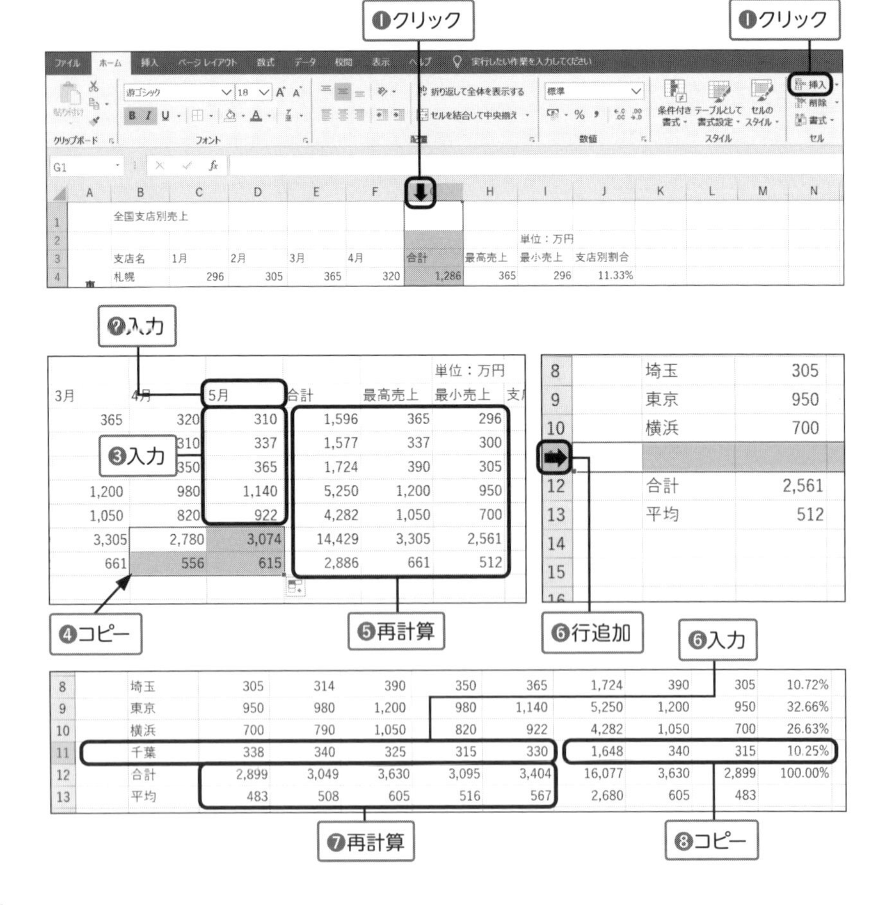

●相対参照

練習 3.13 「支店別割合」を出す.

①「K5」に「支店別割合」と入力し,「K6」に割合の数式を入力.

② Enter キーを押すと支店別割合の計算結果が表示.

③「K12」まで数式をコピーすると数式結果がエラー表示.

④それぞれのセルの数式を確認すると分母の参照位置の変更が確認できる.

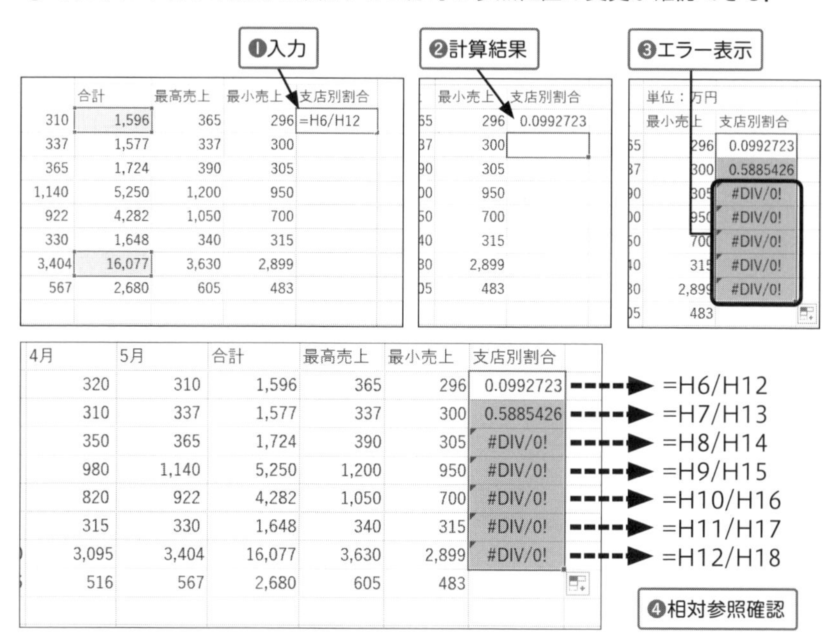

●絶対参照

練習 3.14 絶対参照を利用して数式をコピー.

①「K6」をダブルクリックし数式の「H12」を「H$12」に変更.

5		支店名	1月	2月	3月	4月	5月	合計	最高売上	最小売上	支店別割合
6		札幌	296	305	365	320	310	1,596	365	296	=H6/H$12
7		仙台	310	320	300	310	337	1,577	337	300	0.5885426
8		埼玉	305	314	390	350	365	1,724	390	305	#DIV/0!
9		東京	950	980	1,200	980	1,140	5,250	1,200	950	#DIV/0!
10		横浜	700	790	1,050	820	922	4,282	1,050	700	#DIV/0!
11		千葉	338	340	325	315	330	1,648	340	315	#DIV/0!
12		合計	2,899	3,049	3,630	3,095	3,404	16,077	3,630	2,899	#DIV/0!
13		平均	483	508	605	516	567	2,680	605	483	

❶変更

②フィルハンドルでコピー.

③「K7:K12」の数式「H$12」が動いていないことを確認.

❷コピー

5	支店名	1月	2月	3月	4月	5月	合計	最高売上	最小売上	支店別割合
6	札幌	296	305	365	320	310	1,596	365	296	0.0992723
7	仙台	310	320	300	310	337	1,577	337	300	0.0980904
8	埼玉	305	314	390	350	365	1,724	390	305	0.1072339
9	東京	950	980	1,200	980	1,140	5,250	1,200	950	0.3265535
10	横浜	700	790	1,050	820	922	4,282	1,050	700	0.2663432
11	千葉	338	340	325	315	330	1,648	340	315	0.1025067
12	合計	2,899	3,049	3,630	3,095	3,404	16,077	3,630	2,899	1
13	平均	483	508	605	516	567	2,680	605	483	

4月	5月	合計	最高売上	最小売上	支店別割合	
320	310	1,596	365	296	0.0992723	=H6/H$12
310	337	1,577	337	300	0.0980904	=H7/H$12
350	365	1,724	390	305	0.1072339	=H8/H$12
980	1,140	5,250	1,200	950	0.3265535	=H9/H$12
820	922	4,282	1,050	700	0.2663432	=H10/H$12
315	330	1,648	340	315	0.1025067	=H11/H$12
3,095	3,404	16,077	3,630	2,899	1	=H12/H$12
516	567	2,680	605	483		

❸絶対参照確認

●参照切り替え方法

「$」を直接入力しなくても，数式のセル番地にカーソルを置き F4 キーを押すと参照の切り替えをすることができる．

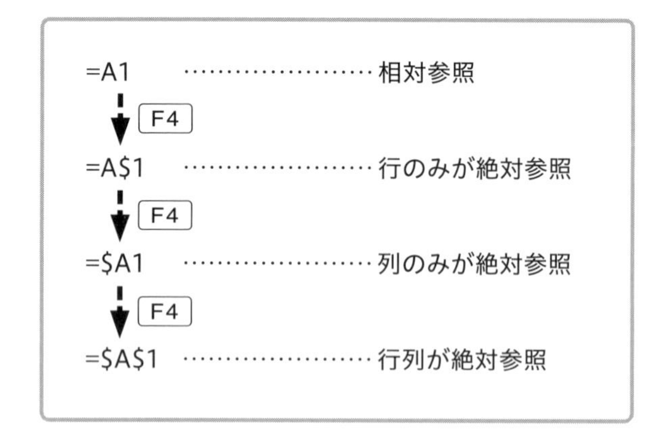

3.2.2 セルの表示設定

セルの表示設定とは，セル内の値を「通貨」「パーセント」「日付」など，様々な表示形式に変更，フォントの色やサイズの変更，セル内の文字表示位置の指定などが可能である．これらを利用すれば，数字の意味が理解でき，見やすい表を作成することができる．

●セルの表示形式

Excel を利用するうえで，セルの表示形式を理解することは非常に重要である．初期設定の状態ではすべて「標準」に設定されており，よく用いられる形式は「数値」「通貨」「日付」「パーセンテージ」などである．表示形式を変更することによって，セル内に同じ数字を入力しても，まったく違う表示になる．セルごとコピーや切り取りをして貼り付ける場合，コピー元の表示形式を保ったまま貼り付けることもできる．

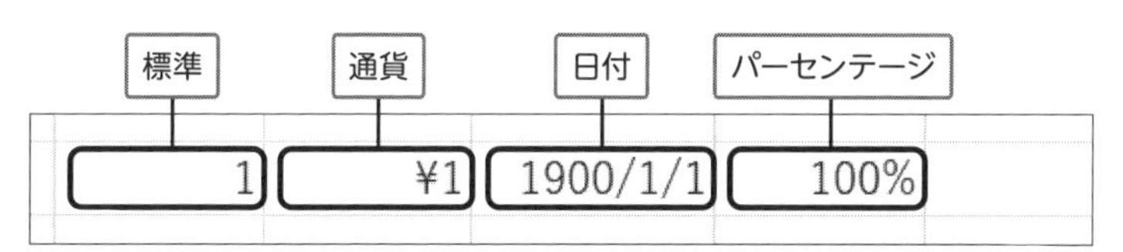

セルの書式設定ツールバーを利用して，各ボタンから設定する方法と，セルの書式設定のダイアログボックスから設定する方法について学習する．

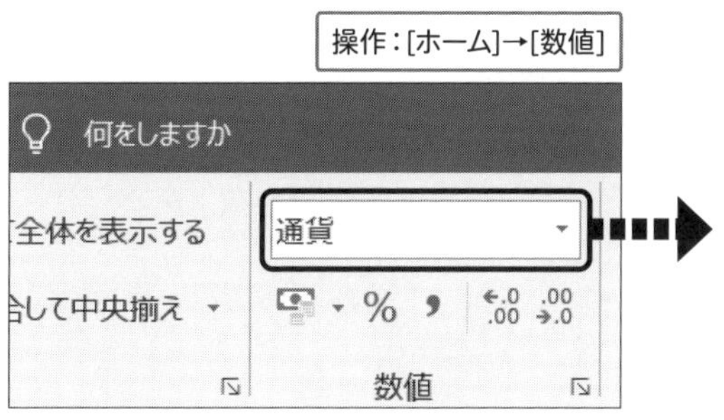

●通貨表示と桁区切り

練習 3.15　「全国支店別売上」のシートを利用して，数値を通貨表示にし，桁区切りを設定する.

①「C6:J13」の範囲を選択.

②[**ホーム**] → [**数値**] の をクリック.

③表示が通貨スタイルに変更.

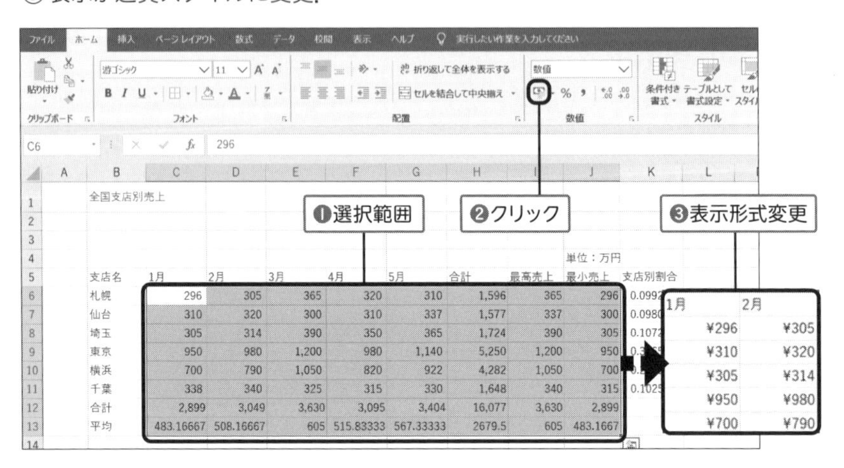

●パーセントと小数点の表示

練習 3.16　支店別割合を「%」にし，小数点以下 2 位までの表示をする.

①「K6:K12」の範囲を選択.

②[**ホーム**] → [**数値**] の % をクリックすると，パーセント表示に変更.

③[**ホーム**] → [**数値**] の を 2 回クリックすると，小数点以下 2 桁まで表示.

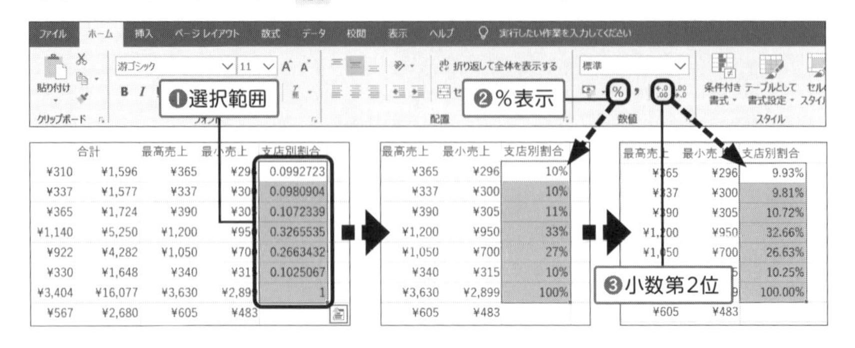

●セルの書式設定

【セルの書式設定】のダイアログボックスでは「表示形式」「配置」「フォント」「塗りつぶし」「罫線」の詳細な設定をすることができる．ツールバーから見つからない場合は，ダイアログボックスを呼び出すと詳細な設定をすることができる．

操作：[ホーム]→[数値]のダイアログボックス起動ツールバー

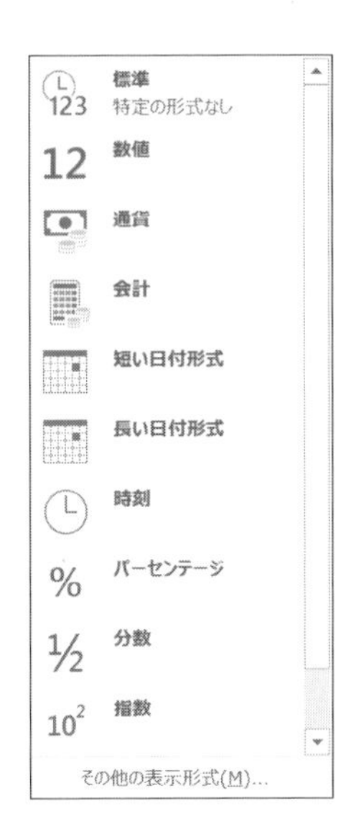

●条件付き書式

条件付き書式のパターンは豊富にあり，たとえば，セルにデータバーを表示することもできる．ルールの種類として，別のセルを条件にしたい場合は「数式を使用して，書式設定するセルを決定」，同じセルを条件にする場合は「指定の値を含むセルだけを書式設定」を選択すると，覚えておこう．

操作：[ホーム]→[スタイル]→[条件付き書式]

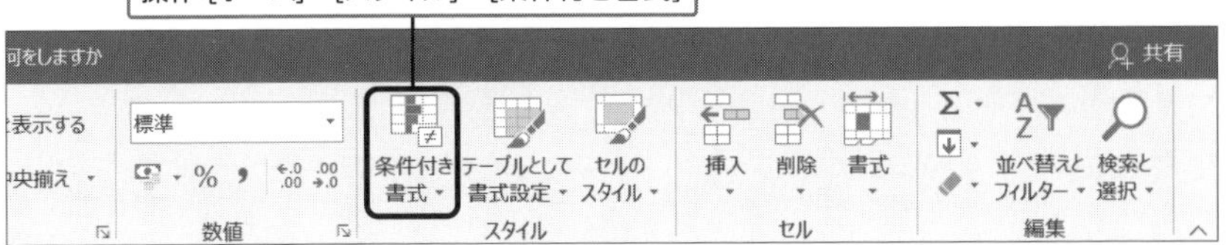

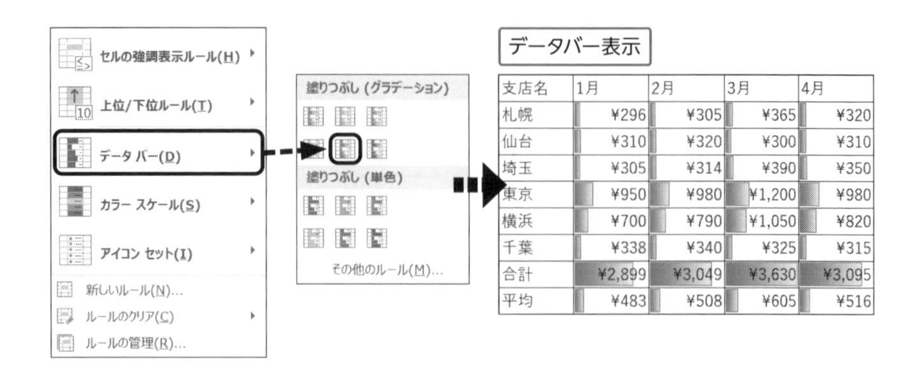

支店名	1月	2月	3月	4月
札幌	¥296	¥305	¥365	¥320
仙台	¥310	¥320	¥300	¥310
埼玉	¥305	¥314	¥390	¥350
東京	¥950	¥980	¥1,200	¥980
横浜	¥700	¥790	¥1,050	¥820
千葉	¥338	¥340	¥325	¥315
合計	¥2,899	¥3,049	¥3,630	¥3,095
平均	¥483	¥508	¥605	¥516

●時刻と日付表示

Excel で時刻や日時の計算を行なう場合に，「シリアル値」を基本とする．シリアル値とは，日付と時刻を数値で表したもので，Excel では日付と時刻などは，シリアル値に置き換えて計算する．シリアル値では，「1」を 1 日 (24 時間) とする．この時「1 時間」は「1」を 24 で割った値になる．日付では，1900 年 1 月 1 日の午前 0 時を「1」として，1900 年 1 月 2 日は「2」，1900 年 1 月 3 日は「3」となる．したがって，シリアル値を使って時間計算をする場合は，注意する必要がある．

例 時給 1080 円で 5 時間の勤務をした場合の給与計算

時間「5:00」はシリアル値にすると「0.20833…」となる，つまり計算は「0.20833…」と「¥1080」の掛け算となるため，正しい計算結果が表示されない．時間給で計算をするので，シリアル値に対して「24」を掛けると，正しい計算結果が表示される．

	A	B	C	D
1	時間	時給	給与	
2	5:00	¥1,080	=A2*B2	

➡

	A	B	C	D
1	時間	時給	給与	
2	5:00	¥1,080	¥225	

勤務時間と時給を掛けて給与を計算する場合は，時間の表示がシリアル値に置き換えて計算されるため，そのまま時給金額を計算すると，正しい給与額を計算できない．

	A	B	C	D
1	時間	時給	給与	
2	5:00	¥1,080	=A2*B2*24	

➡

	A	B	C	D
1	時間	時給	給与	
2	5:00	¥1,080	¥5,400	

3.2.3 セルの書式設定

作成した表をより見やすくするために，表の結合や文字の揃え，セルを装飾することができる．またフォントだけでなく，セル内に色を付けたり，また罫線を利用し表を見やすくすることが可能である．

●セルのフォント

文字の色やサイズ変更は，Word と共通である．

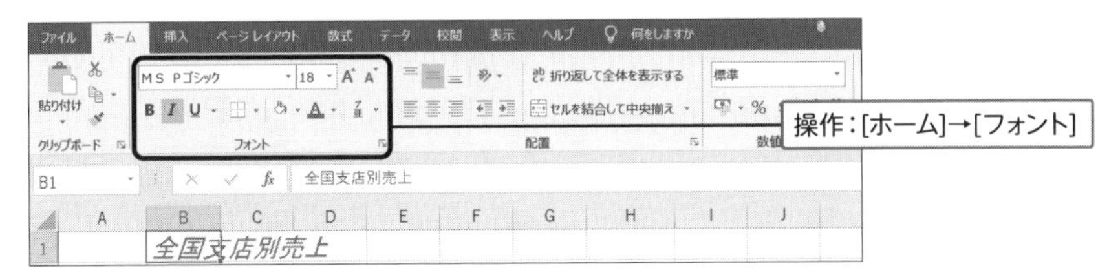

●セルの結合と中央揃え

練習 3.17 「全国支店別売上」のシートを利用して，セルの結合をする．

①「B3:H3」のセル範囲を選択．

②[**ホーム**] → [**数値**] → [**セルを結合して中央揃え**] をクリック．

③セルが結合・文字が中央表示になるので，文字を「18」「斜体」に変更．

④「A5」に「東日本地区」と入力し，「A5:A13」のセル範囲を選択．

⑤[**ホーム**] → [**数値**] の ↘ をクリック．

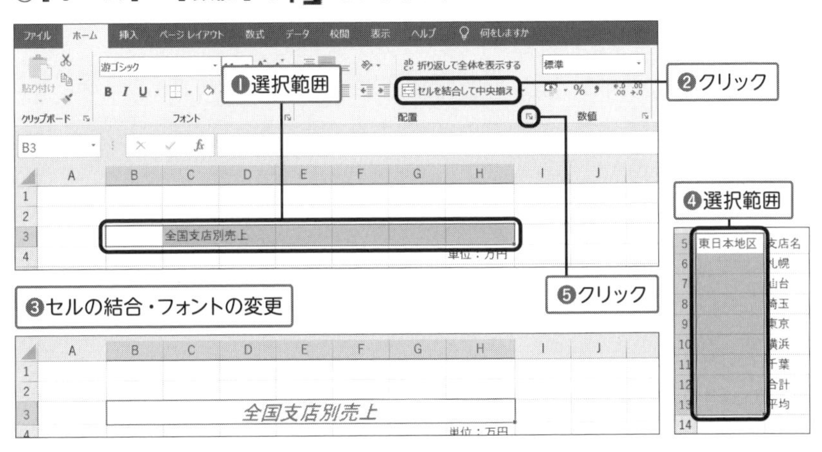

⑥【**セルの書式設定**】が表示されるので「配置」タブをクリック.

⑦結合や配置の指定をし,「OK」をクリック.

⑧セルが結合され,「東日本地区」が「縦書き」「中央揃え」で表示.

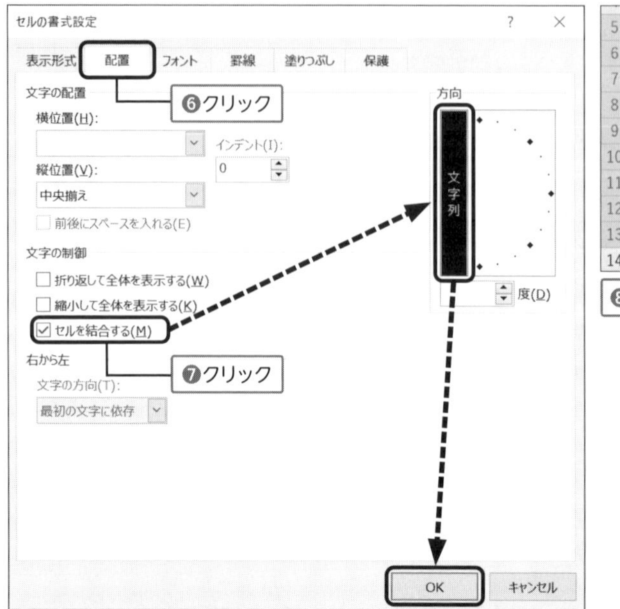

実習 3.4　以下のようにセルの設定をしなさい.

1. 「営業部上期売上集計」のシートを利用すること.
2. 売上高を通貨表示にすること.
3. 構成比を求めパーセント表示にすること.
4. 構成比を求める際に,絶対参照を利用すること.
5. 「営業部上期売上集計」のフォントを変更すること(任意).
6. セルを結合し,「営業部上記売上集計」を中央に表示すること.

営業部上期売上集計								
							単位:千円	
部署名	4月	5月	6月	7月	8月	9月	合計	構成比
第一営業部	¥20,744	¥17,385	¥16,937	¥17,323	¥15,666	¥19,500	¥107,555	13%
第二営業部	¥43,104	¥39,784	¥39,612	¥38,948	¥36,153	¥45,200	¥242,801	30%
第三営業部	¥34,052	¥31,429	¥31,293	¥30,768	¥28,560	¥35,709	¥191,811	24%
第四営業部	¥25,119	¥22,078	¥21,509	¥22,000	¥19,895	¥24,758	¥135,359	17%
第五営業部	¥24,328	¥21,383	¥20,832	¥21,307	¥19,269	¥23,978	¥131,097	16%
合計	¥147,347	¥132,059	¥130,183	¥130,346	¥119,543	¥149,145	¥808,623	100%
平均	¥29,469	¥26,412	¥26,037	¥26,069	¥23,909	¥29,829	¥161,725	
売上最高	¥43,104	¥39,784	¥39,612	¥38,948	¥36,153	¥45,200	¥242,801	
売上最低	¥20,744	¥17,385	¥16,937	¥17,323	¥15,666	¥19,500	¥107,555	

● セルの罫線

練習 3.18　表に罫線を追加する.

①「A5:K13」の範囲を選択.

②［ホーム］→［フォント］→ ⊞ ▾ の▼→「格子」をクリック.

③外枠線と内枠線が表示.

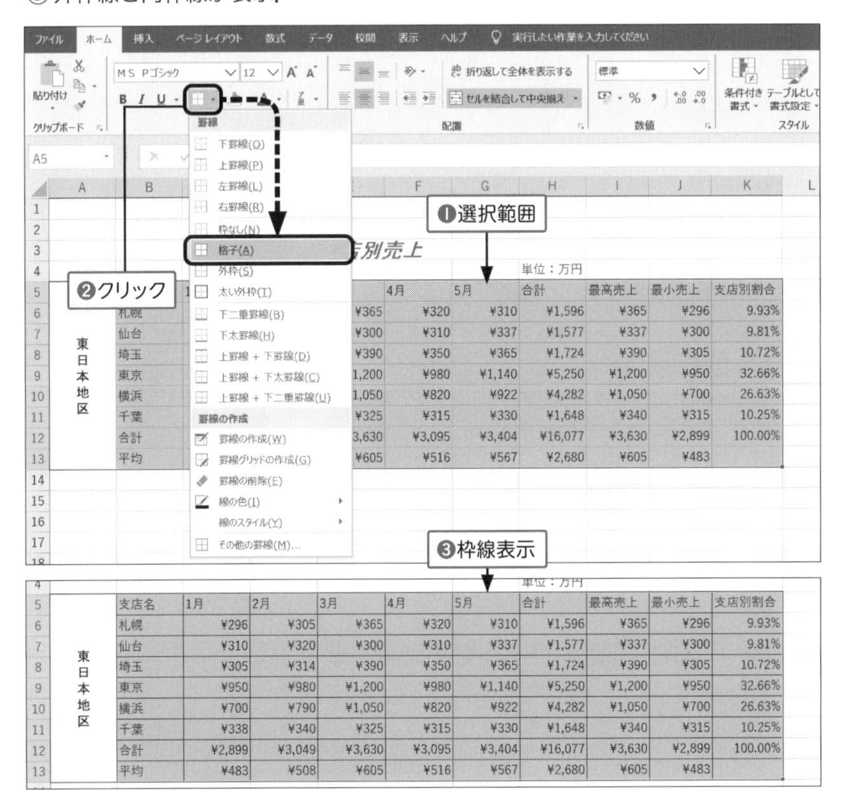

● 罫線の一部変更

練習 3.19　罫線の一部を二重線に変更する.

①「B11:K11」の範囲を選択.

❶選択範囲

	A	B	C	D	E	F	G	H	I	J	K
10	地	横浜	¥700	¥790	¥1,050	¥820	¥922	¥4,282	¥1,050	¥700	26.63%
11	区	千葉	¥338	¥340	¥325	¥315	¥330	¥1,648	¥340	¥315	10.25%
12		合計	¥2,899	¥3,049	¥3,630	¥3,095	¥3,404	¥16,077	¥3,630	¥2,899	100.00%
13		平均	¥483	¥508	¥605	¥516	¥567	¥2,680	¥605	¥483	

②［ホーム］→［フォント］→ 田 ▾ の▼→「下二重罫線」をクリック.

③「B12:G12」の上部に二重線の罫線が表示.

●セル色の変更

練習 3.20　セル色を変更する.

①「B5:H5」の範囲を選択.

②［ホーム］→［フォント］→ 塗りつぶしの色 ▾ の▼→指定の色を選択.

③セル内の色が変更.

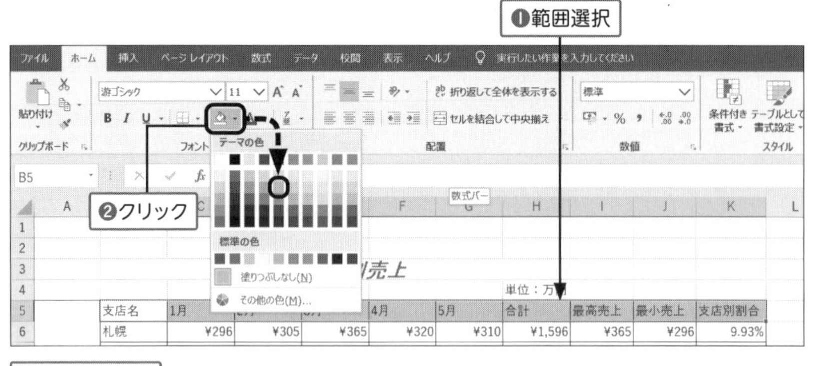

実習 3.5　以下のようにセルの設定をしなさい．

1. 「営業部上期売上集計」のシートを利用すること．
2. セル罫線を入れること．
3. セルの色（任意）を変更すること．
4. フォントを変更（任意）すること．

営業部上期売上集計

単位：千円

部署名	4月	5月	6月	7月	8月	9月	合計	構成比
第一営業部	¥20,744	¥17,385	¥16,937	¥17,323	¥15,666	¥19,500	¥107,555	13.3%
第二営業部	¥43,104	¥39,784	¥39,612	¥38,948	¥36,153	¥45,200	¥242,801	30.0%
第三営業部	¥34,052	¥31,429	¥31,293	¥30,768	¥28,560	¥35,709	¥191,811	23.7%
第四営業部	¥25,119	¥22,078	¥21,509	¥22,000	¥19,895	¥24,758	¥135,359	16.7%
第五営業部	¥24,328	¥21,383	¥20,832	¥21,307	¥19,269	¥23,978	¥131,097	16.2%
合計	¥147,347	¥132,059	¥130,183	¥130,346	¥119,543	¥149,145	¥808,623	100.0%
平均	¥29,469	¥26,412	¥26,037	¥26,069	¥23,909	¥29,829	¥161,725	
売上最高	¥43,104	¥39,784	¥39,612	¥38,948	¥36,153	¥45,200	¥242,801	
売上最低	¥20,744	¥17,385	¥16,937	¥17,323	¥15,666	¥19,500	¥107,555	

実習 3.6　以下のようにセルの設定をしなさい．

1. 「掛け算九九」のシートを追加すること．
2. 絶対参照を利用して掛け算九九の表を完成させること．
3. セル罫線を入れること．
4. セルの色（任意）を変更すること．
5. フォントを変更（任意）すること．

	A	B	C	D	E	F	G	H	I	J	K
1	**掛け算九九**										
2		1	2	3	4	5	6	7	8	9	
3	1	1	2	3	4	5	6	7	8	9	
4	2	2	4	6	8	10	12	14	16	18	
5	3	3	6	9	12	15	18	21	24	27	
6	4	4	8	12	16	20	24	28	32	36	
7	5	5	10	15	20	25	30	35	40	45	
8	6	6	12	18	24	30	36	42	48	54	
9	7	7	14	21	28	35	42	49	56	63	
10	8	8	16	24	32	40	48	56	64	72	
11	9	9	18	27	36	45	54	63	72	81	
12											

3.3 グラフの作成

Excelにはグラフを簡単に作成する機能が備わっている．使い方を覚えると，自分なりにいろいろと工夫を凝らし，きれいなグラフを作成できるようになる．ここではグラフを作成し，見やすいグラフへと手直しする方法を学ぶ．

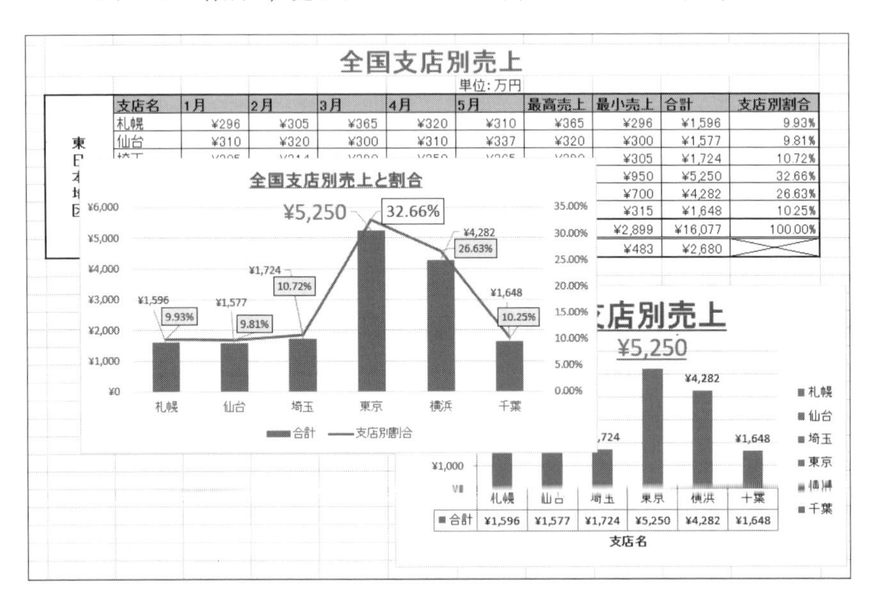

グラフは，グラフの挿入ボタンをクリックするだけで，簡単に作成できる．グラフは，ワークシート上や専用のワークシート（グラフシート）へ作成することができる．グラフ作成をする場合，グラフの各構成要素は，作成後自由に追加したり変更したりすることが可能になっているので，グラフツールバーを利用して，構成要素を整える方法をとることが一般的である．ここではグラフツールバーや右クリックメニューを利用する方法を概説し，構成要素の詳細の変更の仕方についても学習する．

3.3.1 グラフの作成

グラフ機能では，以前に比べ，より使いやすく，より操作が簡単になり，さらに見栄えも大きく向上した．しかし，正しいグラフを作成するためには，グラフの項目となる部分と数値を正しく選択する必要がある．また，その目的にあったグラフを選ぶことも覚えよう．

●グラフの挿入

練習 3.21 「全国支店別売り上げ.xlsx」を利用して，グラフを作成する．

① グラフにするデータの範囲 (C5:C11 と K5:K11) を選択．

　＊ [Ctrl] キーを利用すると離れたセルでも選択が可能．

② [**挿入**] → [**グラフ**] → [**縦棒**] → [**2-D 縦棒**] をクリック．

③ 縦棒グラフが挿入．

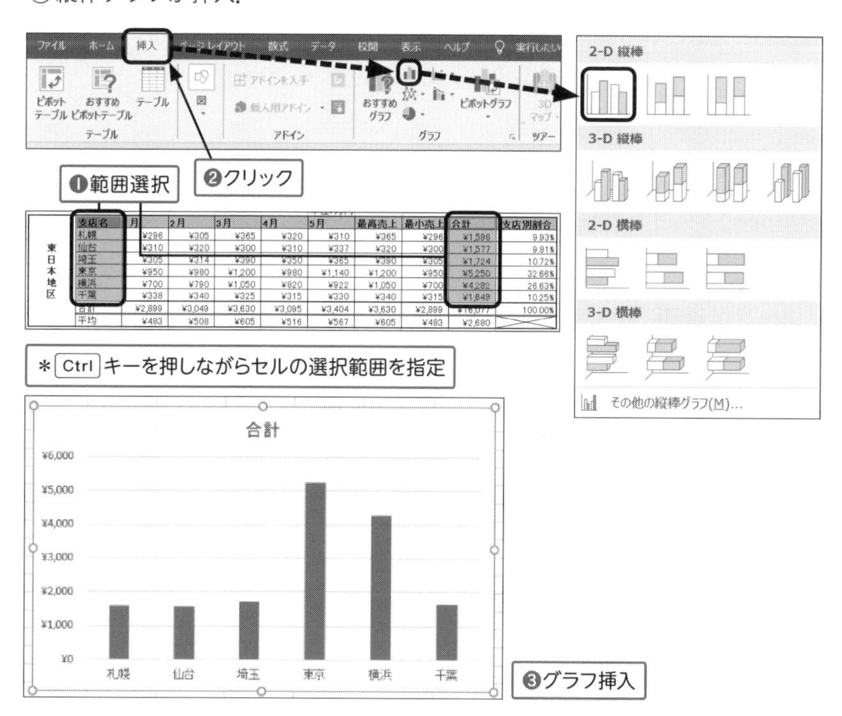

●グラフサイズの調整と移動

グラフは，ドラッグでサイズ調整と移動が可能である．

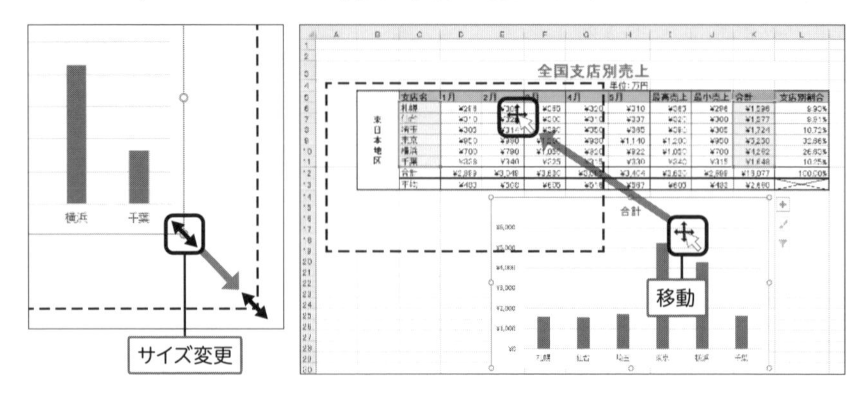

●グラフの編集

練習 3.22　グラフタイトルを編集する．

①グラフタイトルの「合計」の文字上でドラッグし選択．

② Delete を押して文字を削除．

③「全国支店別売上」と入力．

④「全国支店別売上」の文字設定．

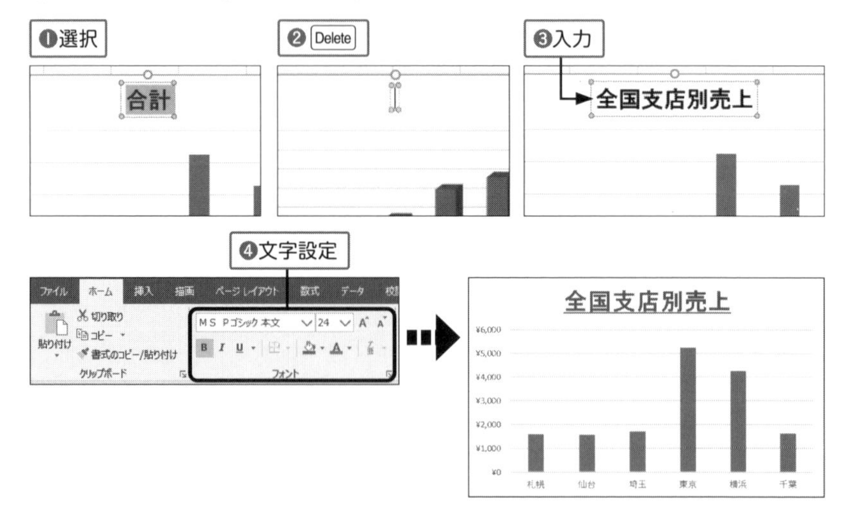

●グラフツール

作成したグラフを挿入後，グラフを選択すると［**グラフツール**］が表示される．［**グラフツール**］は［**デザイン**］［**書式**］のタブに分かれ，データや見栄えを変更することができる．

操作：グラフを選択→[グラフツール]→[デザイン]

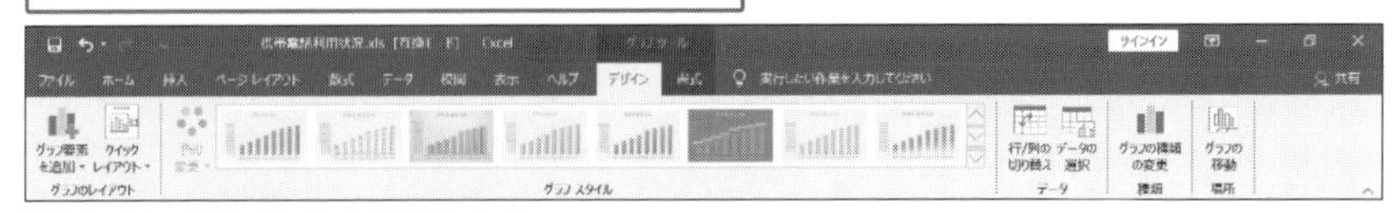

操作：グラフを選択→[グラフツール]→[書式]

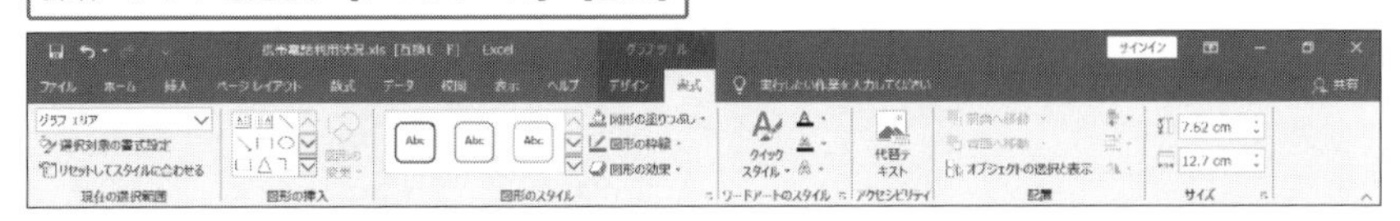

●グラフの種類

表をグラフにすることで，データを視覚的に捉え，人にわかりやすく伝えることが可能になる．データ内容によって，それぞれ目的にあったグラフを選ぶとよい．利用頻度が高いグラフとして３種類のグラフがあげられる．棒グラフ，折れ線グラフ，円グラフが代表的なグラフである．

棒グラフ

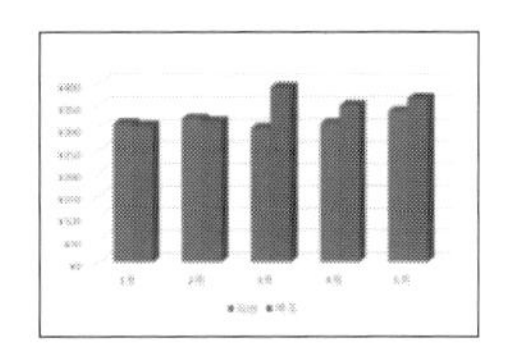

棒グラフは，基本的に「比較・対照」をするのに適している．多く利用されるものは，項目ごとに比較する棒グラフの他に積み上げる棒グラフもある．

線グラフ

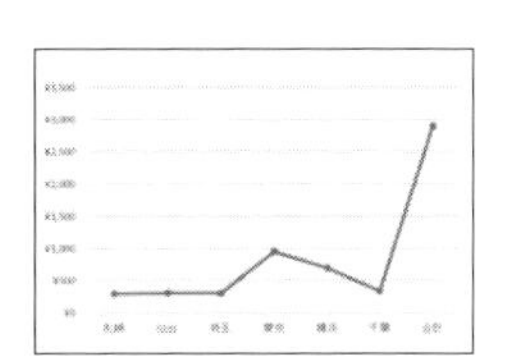

線グラフは，ある期間の量的な変化，つまりは時系列に沿った上昇や下降の傾向を表すのに適している．通常は時間を横軸に，量を縦軸に指定する．

円グラフ

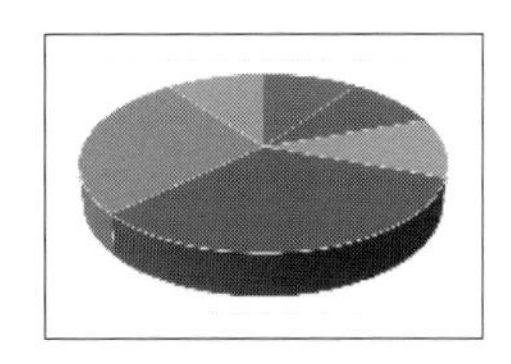

円グラフは，全体の中で，ある部分がどの程度の割合を占めているか，つまり，パーセンテージで表すことに適している．

●グラフの場所

グラフは同じワークシート内だけでなく，別のワークシートへ移動，または，グラフシートとして場所を指定することが可能である．

操作：[デザイン]→[場所]→[グラフの移動]

ファイル ホーム 挿入 描画 ページレイアウト 数式 データ 校閲 表示 ヘルプ Acrobat デザイン 書式 実行したい作業を入力してください

グラフ要素を追加 クイックレイアウト グラフのレイアウト グラフ スタイル 行/列の切り替え データの選択 データ の変更 種類 グラフの移動 場所

全国支店別売上

¥6,000 ¥5,000 ¥4,000 ¥3,000 ¥2,000 ¥1,000 ¥0

札幌 仙台 埼玉 東京 横浜 千葉

グラフシート

グラフの移動

グラフの配置先:

新しいシート(S): グラフ1

オブジェクト(O): 全国支店別売上

OK キャンセル

グラフ1 全国支店別売上

●データの選択

対象となるデータの範囲選択を誤り，見栄えの悪いグラフになってしまうことがある．データを追加したり，範囲を選択しなおしたりする．元データを改めて選択する場合も同じ手順で行うことができる．

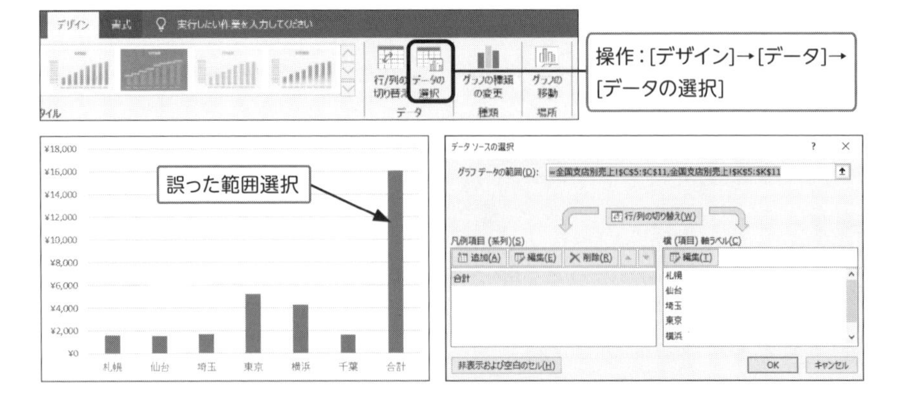

3.3.2 グラフの操作

グラフの挿入後，データ範囲やデザインの変更などをしたい場合は，挿入されたグラフを選択して新たにリボンに現れる［グラフツール］から，見やすいグラフへと整えていこう．

●クイックレイアウト

クイックレイアウトでは，グラフ要素を含むレイアウトが用意されている．レイアウトによっては不要な要素もあるので，まず目的に近いレイアウトを適用してから，必要な要素を個別に追加しよう．グラフを選択するとグラフの右上にグラフ要素追加ボタンが表示される．

操作：［デザイン］→［グラフのレイアウト］→［グラフ要素を追加］

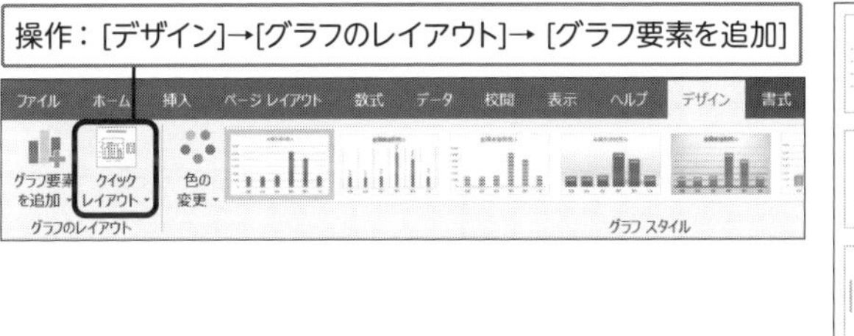

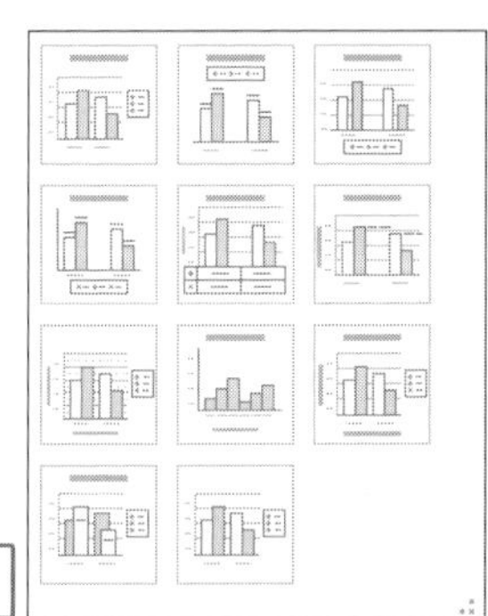

クイックレイアウト

操作：［デザイン］→［グラフのレイアウト］→［グラフ要素を追加］

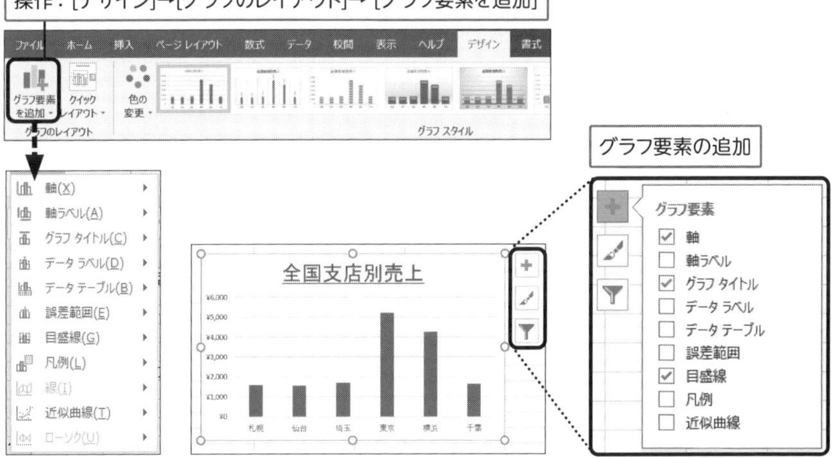

●書式設定作業ウィンドウ

書式設定作業ウィンドウを使って，グラフの細かい設定ができる．グラフのどの部分を選択しているのかによって，「○○（作業部分）の書式設定」と，それぞれ表示が異なる．選択したグラフ要素に合わせて調整されたオプションが表示される．オプションは，ウィンドウの上部にある小さなアイコンで確認できる．

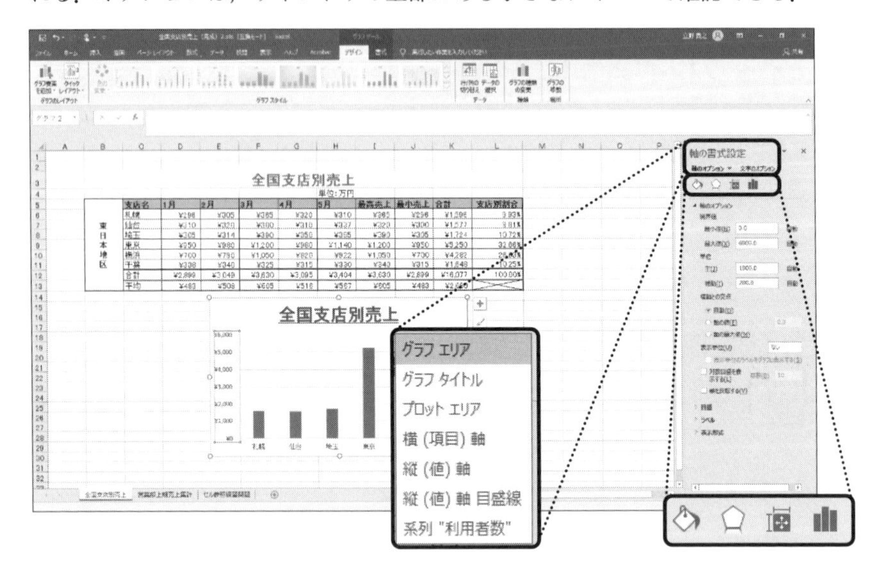

●データラベルの表示

練習 3.23　グラフに値と軸の名前を表示する．

①クイックメニューから［**データラベル**］と［**軸ラベル**］をクリック．

②データラベルと軸ラベルが表示．

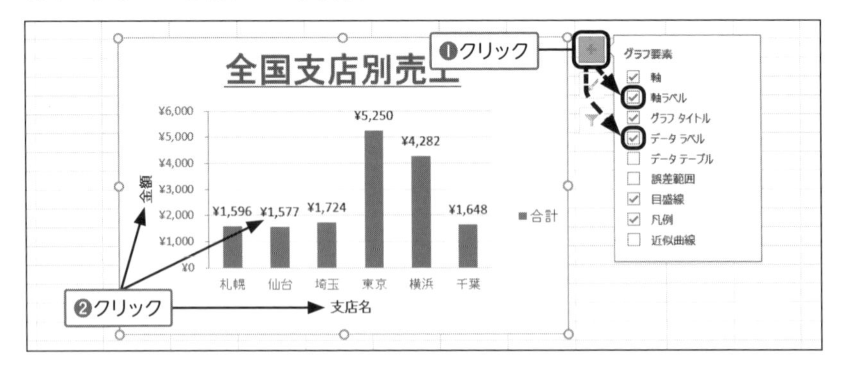

●軸ラベル設定

練習 3.24 Y 軸のラベルを「縦書き」にする.

①「金額」を選択し軸ラベルの書式設定を利用.

②[**配置**] → [**文字の方向 (X)**] → [**縦書き**] をクリック.

③「金額」が縦書き表示.

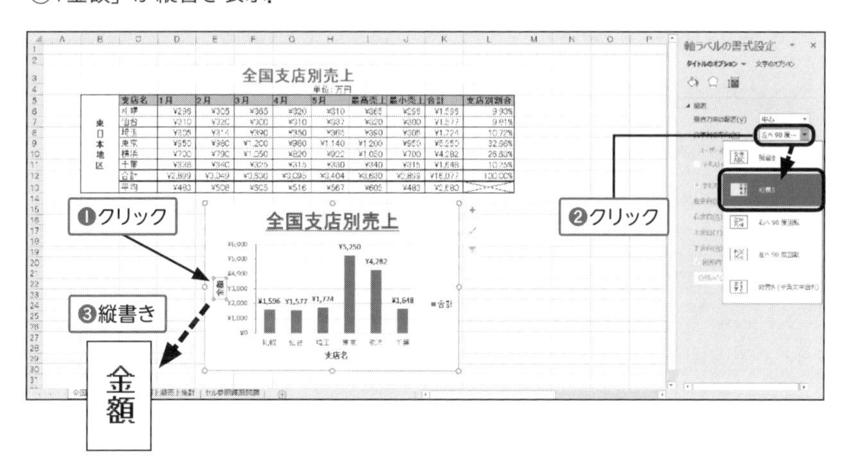

実習 3.7 以下のようにグラフを作成しなさい.

1. 営業部上期売上集計のシートを利用すること.
2. 書式設定作業ウィンドウを活用すること.
3. タイトルを変更し任意に文字設定をすること.

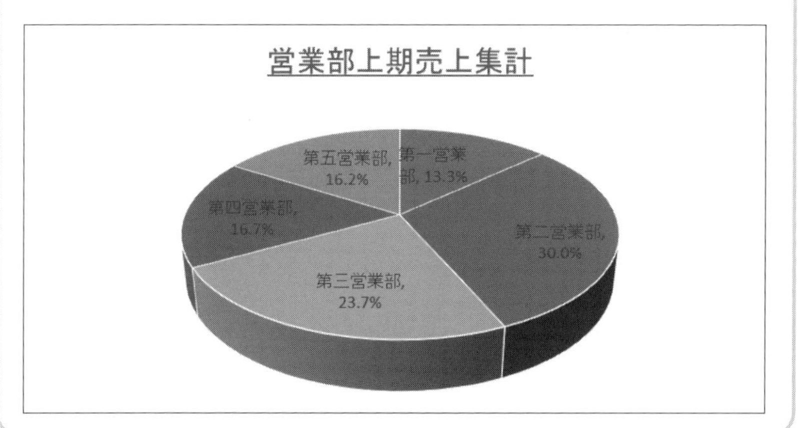

3.3.3　効果的なグラフ

Excelは自動的にきれいなグラフにまとめてくれるが，見やすさや印象を考えると，改善が必要な部分がある．少し時間をかけ工夫するだけで，印象的で見やすいグラフを作成することができる．

●特定の項目を強調

練習 3.25　値のフォントを変更する．

①データラベルをクリックすると全部のラベルが選択．
②もう1回，特定のラベルをクリックするとそのラベルのみが選択．
③選択された状態でフォントを指定．
④ラベルのフォントが変更．
⑤同様にグラフの「東京」のデータ要素部分を選択．
⑥色を「赤」に設定すると棒グラフの一部の色が変更．

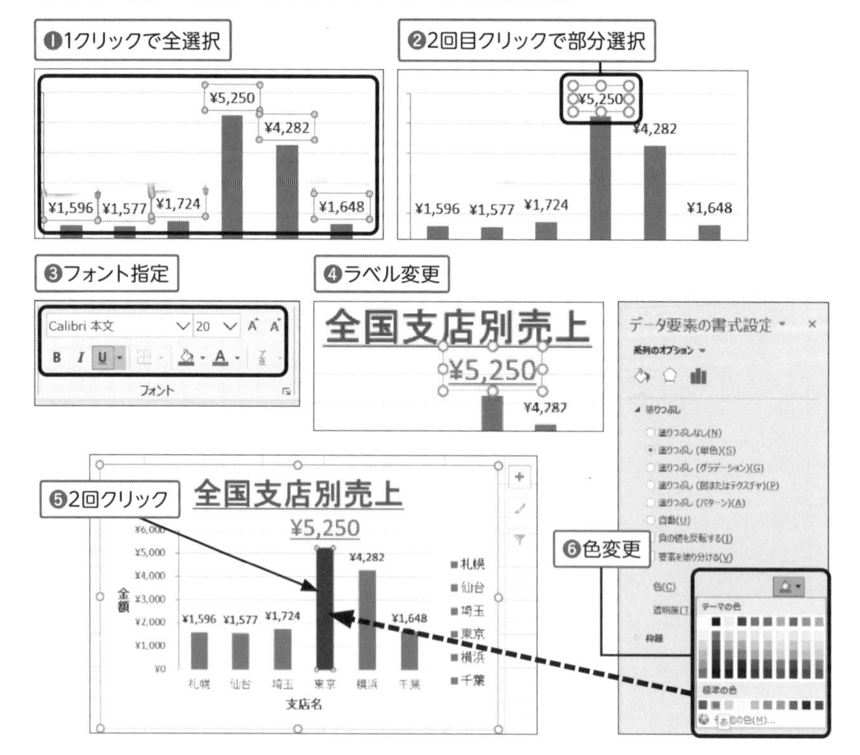

●データテーブルの表示

練習 3.26　テーブルデータを表示する.

①クイックメニューから［**グラフ要素**］→［**データテーブル**］をクリック.

②データテーブルが表示.

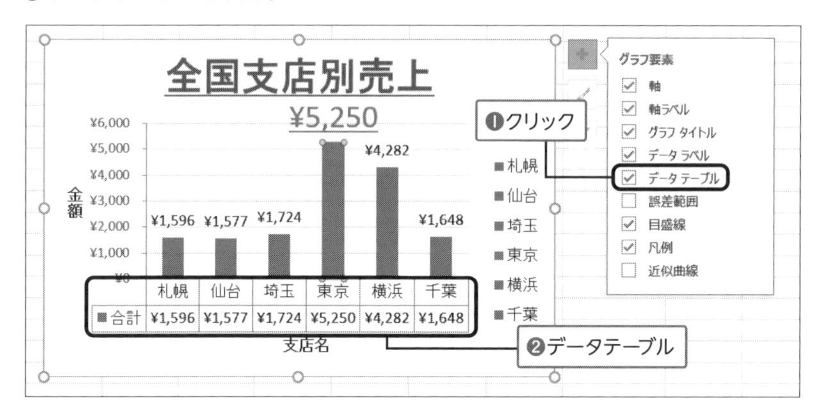

●組み合わせグラフ

練習 3.27　複合グラフを作成する.

①グラフにするデータの範囲（C5:C11 と K5:L11）を選択.

②［**挿入**］→［**グラフ**］→［**組み合わせ**］→［**集合縦棒:第2軸の折れ線**］をクリック.

③縦棒と折れ線が組み合わせのグラフが挿入.

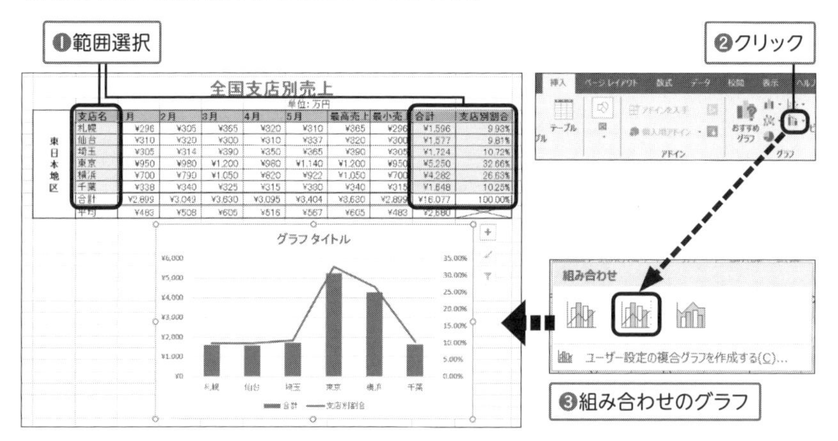

実習 3.8 以下のようにグラフを編集しなさい.

1. 練習で作成した組み合わせグラフを利用すること.
2. データラベルの位置を適切な位置に移動すること.
3. 書式設定作業ウィンドウ，クイックツール，グラフツールを利用して適切にグラフの設定をすること.

実習 3.9 以下のようにグラフを編集しなさい.

1. 実習 3.7 で作成した組み合わせグラフを利用すること.
2. データラベルの位置を適切な位置に移動すること.
3. 書式設定作業ウィンドウ，クイックツール，グラフツールを利用して適切にグラフの設定をすること.

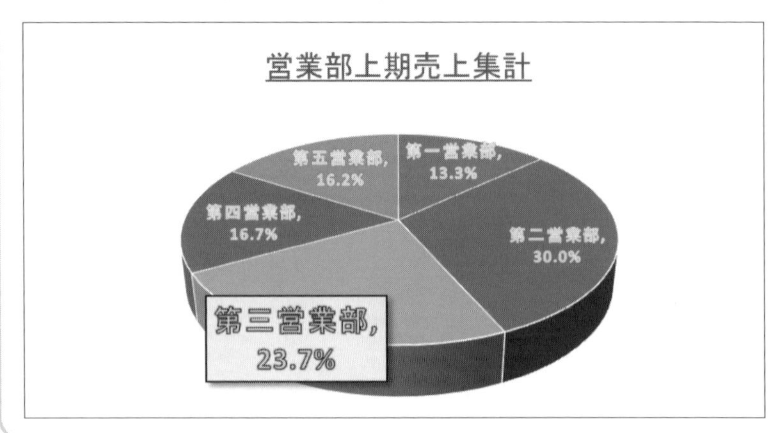

3.4 実践的なデータの活用

Excelには多くの機能が用意されているので，基本的な数値演算から日付計算，文字列操作，財務計算，統計，さらにはデータベース処理も簡単な方法で実現できる．一般的な表計算の処理を行う限りでは，3.1.4項で説明した関数を利用するだけで十分であるが，Excelを駆使してさらに高度な表計算を行っていくためには，十分であるとは言えない．そこで本項では，より実践的で頻度の高いと思われる関数を紹介する．さらに，データベースの利用方法やデータの集計に関しても説明をしていく．

	A	B	C	D	E	F	G	H	I	J
1		学生評価リスト								
2										
3		受験番号	英語	数学	国語	社会	合計	評価	順位	
4		0001	90	64	98	50	302	B	687	
5		0002	79	57	78	96	310	B	508	
6		0003	66	98	84	83	331	A	187	
7		0004	93	44	76	65	278	C	1404	
8		0005	64	75	41	85	265	C	1833	
9		0006	77	46	49	51	223	F	2784	
10		0007	76	72	49	60	257	C	2088	
11		0008	98	92	63	52	305	B	608	
12		0009	40	99	57	45	241	C	2490	
〜〜〜										
2983		2980	53	90	72	58	273	C	1575	
2984		2981	86	79	67	95	327	A	240	
2985		2982	65	53	50	77	245	C	2396	
2986		2983	58	66	64	78	266	C	1800	
2987		2984	39	60	57	64	220	F	2817	
2988		2985	58	51	53	71	233	F	2640	
2989		2986	51	53	46	57	207	F	2917	
2990		2987	83	62	90	62	297	B	831	
2991		2988	92	73	80	61	306	B	586	
2992		2989	56	97	55	59	267	C	1752	
2993		2990	39	52	86	81	258	C	2058	
2994		2991	71	95	44	58	268	C	1724	
2995		2992	72	49	49	87	257	C	2088	
2996		2993	69	61	68	65	263	C	1893	
2997		2994	41	72	62	89	264	C	1857	
2998		2995	76	69	68	95	308	B	538	
2999		2996	40	91	50	65	246	C	2375	
3000		2997	54	60	42	95	251	C	2237	
3001		2998	77	82	72	81	312	B	465	
3002		2999	80	89	69	47	285	B	1169	
3003		3000	90	42	51	39	222	F	2797	
3004										

3.4.1 高度な関数の利用

ここでは，学力などの検査結果の集団平均値からの隔たりの程度を示す数値である偏差値を求めるため，数式と関数を組み合わせた複合の式を利用する方法を学習する．また，論理式を用いて合否判定や評価をする方法を説明し，学生の成績表を完成させる．

●偏差値

偏差値とは，学力などの検査結果の集団平均値からの隔たりの程度を示す数値である．つまり偏差値は，全体の中の自分の相対的な位置を示すものである．この値を求めるには，まず「標準偏差」を求めなければならない．Excel を利用すれば，「標準偏差」を求める複雑な式は必要なく，関数で簡単に求めることができる．

偏差値：10 ×（得点 − 平均点）÷ 標準偏差 + 50

●標準偏差と偏差値

練習 3.28　標準偏差を出し，それを利用して偏差値を計算する．

①「D14」をアクティブにし fx をクリック．

②**【関数の挿入】**から「統計」にある「STDEV.S」関数を利用．

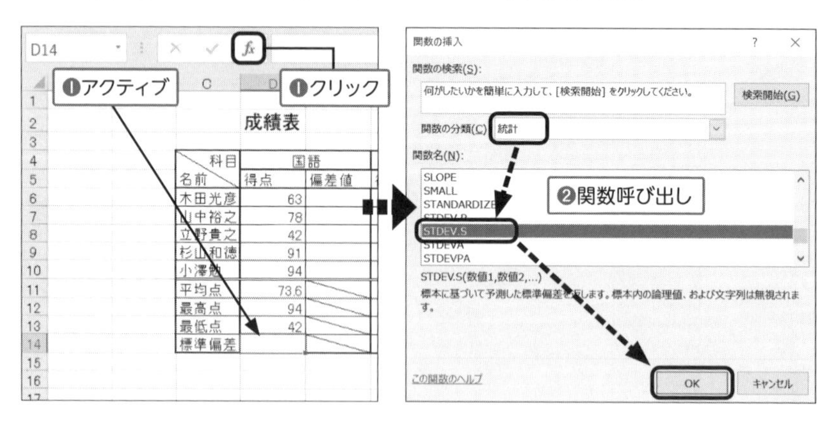

③数値 1 の範囲を「D6:D10」に指定し「OK」をクリック.

④標準偏差の値が表示.

⑤「E6」をアクティブに「=10*(D6-D11)/D14+50」と入力.

⑥ Enter キーを押すと偏差値が計算.

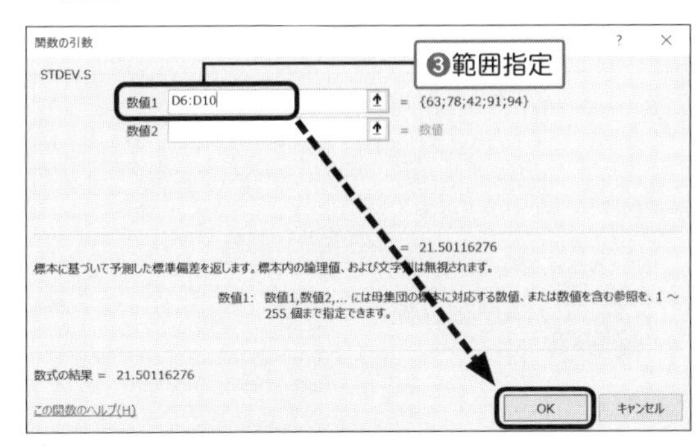

❹標準偏差

科目＼名前	国語 得点	国語 偏差値
木田光彦	63	
山中裕之	78	
立野貴之	42	
杉山和徳	91	
小澤勉	94	
平均点	73.6	
最高点	94	
最低点	42	
標準偏差	21.5	

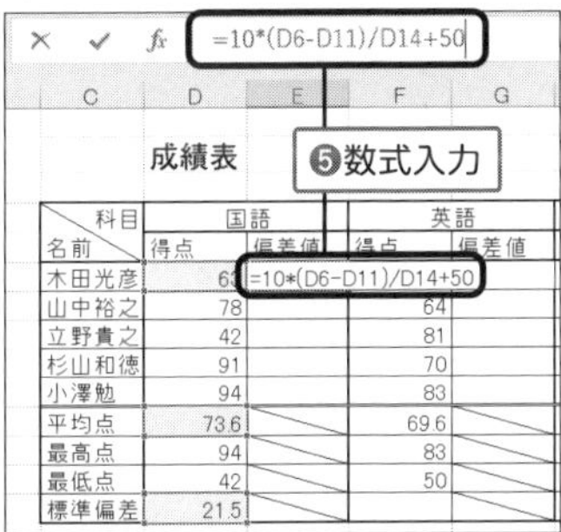

科目＼名前	国語 得点	国語 偏差値	英語 得点	英語 偏差値
木田光彦	63	=10*(D6-D11)/D14+50	50	
山中裕之	78		64	
立野貴之	42		81	
杉山和徳	91		70	
小澤勉	94		83	
平均点	73.6		69.6	
最高点	94		83	
最低点	42		50	
標準偏差	21.5			

❻偏差値

科目＼名前	国語 得点	国語 偏差値	英語 得点	英語 偏差値	得点
木田光彦	63	45.1	50		
山中裕之	78		64		
立野貴之	42		81		
杉山和徳	91		70		
小澤勉	94		83		
平均点	73.6		69.6		
最高点	94		83		
最低点	42		50		
標準偏差	21.5				

実習 3.10 以下のように計算をしなさい.

1. 「英語」「数学」「総合点」それぞれの平均点, 最高点, 最低点を出すこと.
2. 「英語」「数学」「総合点」それぞれの標準偏差と偏差値を出すこと.
3. セルの参照に気をつけること.

成績表

科目＼名前	国語 得点	国語 偏差値	英語 得点	英語 偏差値	数学 得点	数学 偏差値	総合点 得点	総合点 偏差値	総合点 評価
木田光彦	63	45.1	50	35.4	79	54.3	192	42.0	
山中裕之	78	52.0	64	45.8	84	58.8	226	52.7	
立野貴之	42	35.3	81	58.5	55	32.8	178	37.5	
杉山和徳	91	58.1	70	50.3	76	51.6	237	56.2	
小澤勉	94	59.5	83	60.0	77	52.5	254	61.6	
平均点	73.6		69.6		74.2		217.4		
最高点	94		83		84		254		
最低点	42		50.0		55		178		
標準偏差	21.5		13.5		11.2		31.6		

●論理式

等価演算子や比較演算子を利用した式のように，評価結果が Yes か No (true/false)となる式のことを論理式と呼ぶ．論理式は，条件によって異なる処理を行い，特に［IF］関数などの条件を記述する式(論理式)が使用される．たとえば，点数が 6 割以上か否かに対して Yes であれば「合格」，No であれば「不合格」と表示する，という使い方をする．

例 以下の判定にした場合

6 割以上：合格
6 割未満：不合格

If(条件)
6割以上
判定
Yes 結果1 合
No 結果2 不

●合否判定

練習 3.29　総合得点の評価をする.

＊ 180 点以上なら「合格」，180 点未満なら「不合格」と判定する.

①「L6」をアクティブにし *fx* をクリック.

②**【関数の挿入】**の［**論理**］→［**IF**］関数を利用.

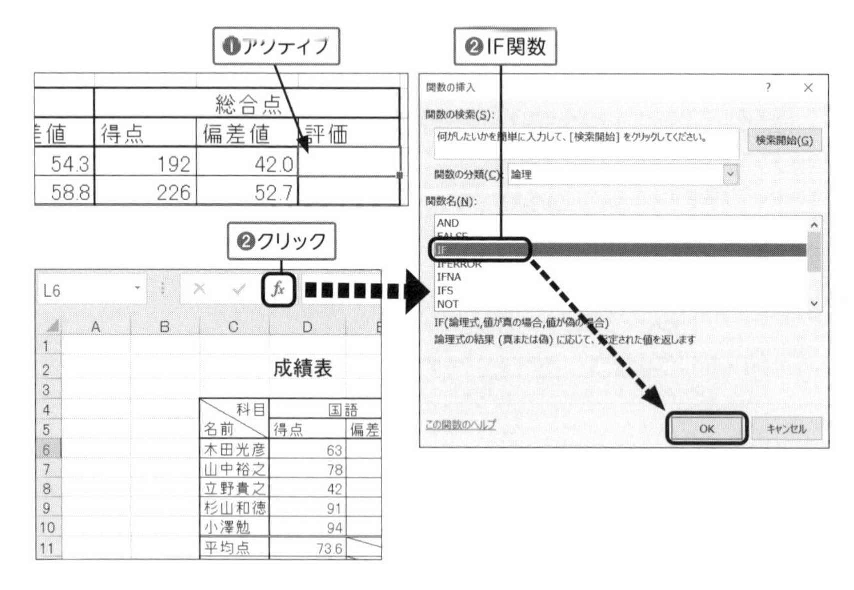

③「論理式」に「J6>=180」と入力.

④「真の場合」に「"合格"」,「偽の場合」に「"不合格"」と入力.

⑤「OK」をクリックする.

⑥セルに「合格」と出力されるので数式をコピー.

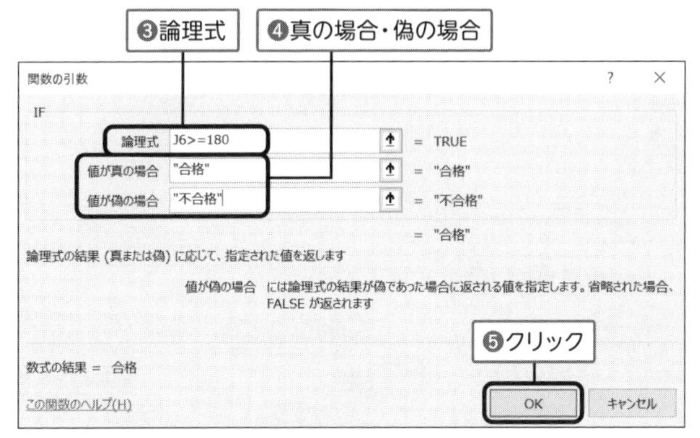

fx　=IF(J6>=180,"合格","不合格")

成績表

❻結果表示&コピー

D	E	F	G	H	I	J	K	L
国語		英語		数学		総合点		
得点	偏差値	得点	偏差値	得点	偏差値	得点	偏差値	評価
63	45.1	50	35.4	79	54.3	192	42.0	合格
78	52.0	64	45.8	84	58.8	226	52.7	合格
42	35.3	81	58.5	55	32.8	178	37.5	不合格
91	58.1	70	50.3	76	51.6	237	56.2	合格
94	59.5	83	60.0	77	52.5	254	61.6	合格
73.6		69.6		74.2		217.4		
94		83		84		254		
42		50.0		55		178		
21.5		13.5		11.2		31.6		

●ネストとは

関数を組み合わせて使うことをネストと呼ぶ. Excel では, 関数の中で関数を使うことが可能で, IF 関数と組み合わせて使用する場合が多い.

```
=if ( 条件 ," 真の場合 ", if( 条件 ," 真の場合 ," 偽の場合 "))
```

最初の条件の偽の部分にIF関数が挿入

●ネストのイメージ

通常IF関数を利用すると，2択の振り分けができる．しかし，2択以上，3択，4択となった場合，IFを重ねて使えば対処できる．つまり，Yes，Noの答えの中にもう一度IFを入れる．繰り返し論理を立てることで選択の細分化が可能になる．これが関数の中に関数を入れるネストという方法である．イメージとしては下図のようになる．

例 以下の判定にした場合

8割：A　7割：B　6割以上：C　6割未満：F

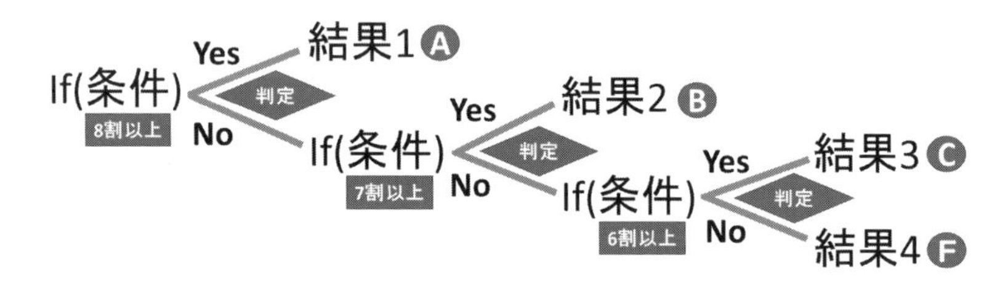

●ネストを利用して判定

練習 3.30　評価の内容を消去し，「A,B,C,F」の評価をつける．

＊条件は，総合点が240点以上の場合「A」，210～239点なら「B」，180～209点なら「C」，180点未満なら「F」とする．

①「L6」をアクティブにし，「IF」関数を利用．

②「論理式」に「J6>=240」，「真の場合」に「"A"」と入力．

③「偽の場合」にカーソルを配置．

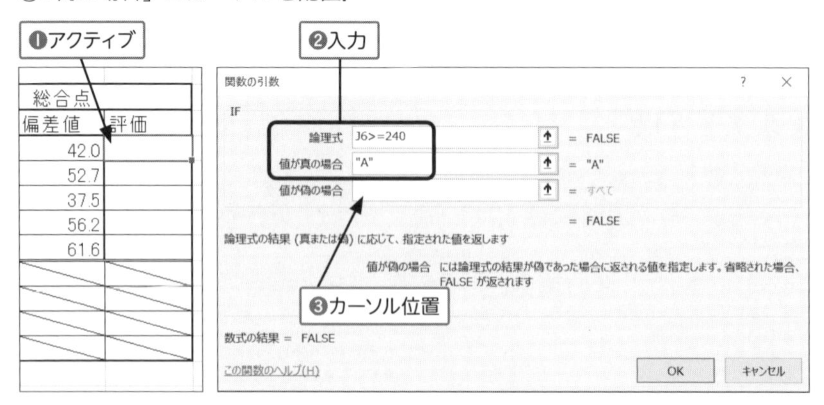

④名前ボックスにカーソルを移動すると「IF」となるのでクリック.

⑤ネストの機能が働き【関数の引数】で新たに論理式を入力で可能.

⑥「論理式」に「J6>=210」,「真の場合」に「"B"」と入力.

⑦「偽の場合」にカーソルを配置し,「IF」をクリックすると再びネスト.

⑧論理式に「J6>=180」と入力.

⑨「真の場合」に「"C"」,「偽の場合」に「"F"」と入力.

⑩「OK」をクリック.

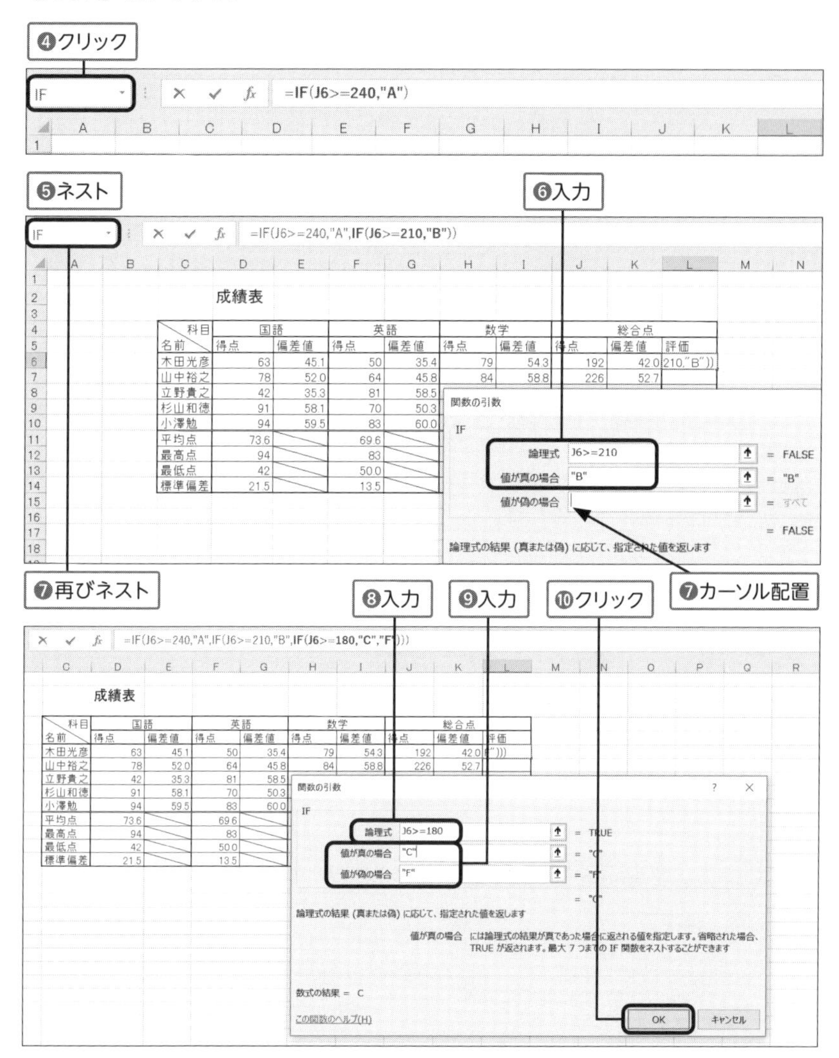

⑪「L6」に「C」と表示されるので，数式をコピー．

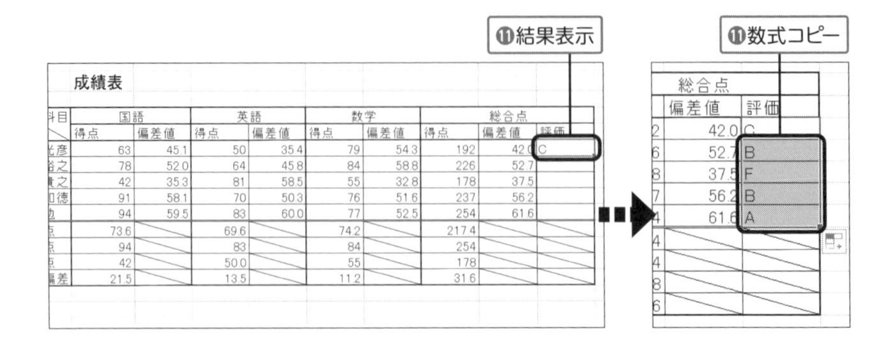

実習 3.11　以下のように計算をしなさい．

1. 合計を出すこと．
2. 以下の条件で評価を出すこと．

   ＊9 割以上「S」8 割以上「A」7 割以上「B」6 割以上「C」6 割未満「F」
3. フィルハンドルを利用して合計と評価の数式をコピーすること．

受験番号	英語	数学	国語	社会	合計	評価	順位
0001	90	64	98	50	302	B	687
0002	79	57	78	96	310	B	508
0003	66	98	84	83	331	A	187
0004	93	44	76	65	278	C	1404
0005	64	75	41	85	265	C	1833

〜〜〜〜〜〜〜〜〜〜〜〜〜〜〜〜〜〜〜〜〜〜〜〜〜〜〜〜〜〜〜〜〜〜

2995	76	69	68	95	308	B	538
2996	40	91	50	65	246	C	2375
2997	54	60	42	95	251	C	2237
2998	77	82	72	81	312	B	465
2999	80	89	69	47	285	B	1169
3000	90	42	51	39	222	F	2797

社会	合計	評価
50	302	B
96		
83		
65		
85		

フィルハンドル（＋）をダブルクリック

フィルハンドルをダブルクリックすると，何百何千の多量のデータでも一気にコピーが可能です．

3.4.2 データベース機能

情報をコンピュータが処理しやすいように，ルールに従って整理・蓄積された情報の集まりが「データベース」と呼ばれるものである．Excel 上では，データを一定のルールに従って整理したリストで作成する必要がある．そのリストがデータベースであり，データを検索，抽出できるデータベース機能が用意されている．

●データベースの操作

データベース機能は，「複数のデータをまとめて管理」「目的のデータを簡単に検索」「簡単に編集して利用可能」である．たとえば，年賀の送り先の住所録をまとめておけば，そのデータベースから特定の人の住所を見つけることも簡単になり，情報を更新し毎年利用することもできる．

データベースを利用する場合には，大量のデータを利用することが多いため，扱うためのキーボード操作（ショートカットキー）を覚えておくと便利である．Ctrl と矢印を組みわせると上下左右の端へ一気に移動できる．また，Shift を組み合わせると選択が可能である．

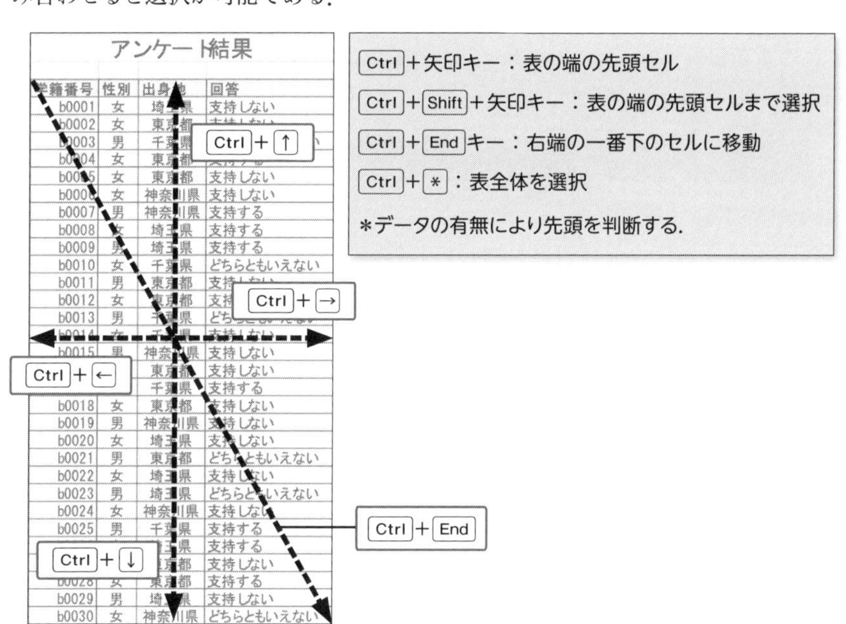

●フィールドとレコード

Excel でデータベース機能を利用するのには，ルールに従って整理した「リスト」にしなければならない．リストにするには，先頭の行に「フィールド」と呼ばれる列見出しを置き，その下には必ず「レコード」と呼ばれるデータ群を置くようにする．フィールドに空白セルがあるとデータベース機能を利用することはできない．

会員番号	郵便番号	住所1 (都道府県)	住所2 (市町村および番地)	更新日時	性別
b0001	164-0026	東京都	中野区新井	2004/1/5	男
b0002	181-0001	東京都	三鷹市井の頭	2003/12/6	女
b0003	234-0035	神奈川県	横須賀市池上	2002/3/4	男

フィールド

レコード

●並べ替え

練習 3.31　更新日時で並べ替えをする.

①リスト内でアクティブセルを配置.

②[**データ**] → [**並び替えとフィルター**] をクリック.

③**【並べ替え】** が開くので「最優先されるキー」を「更新日時」に設定.

④「順序」を「古い順」にし「OK」をクリック.

⑤「更新日時」の日付が先のデータから順番に並べ替え.

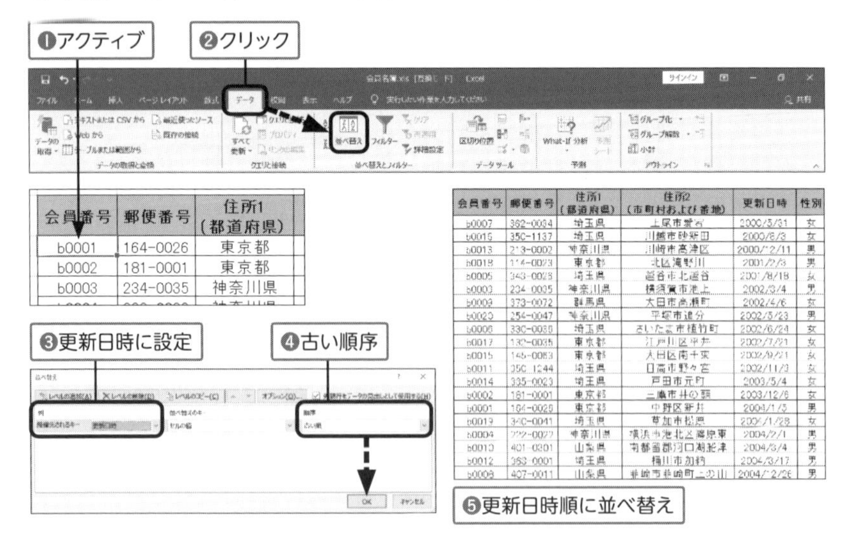

●[昇順] [降順]

表の中の1カ所のセルを選択した状態で [昇順] または [降順] ボタンを利用し並べ替えを実行すると，自動的に並べ替えるべきデータのある範囲を認識して，表全体のデータを並べ替えることができる.

操作:[データ]→[並べ替えとフィルター]→[昇順] /[降順]

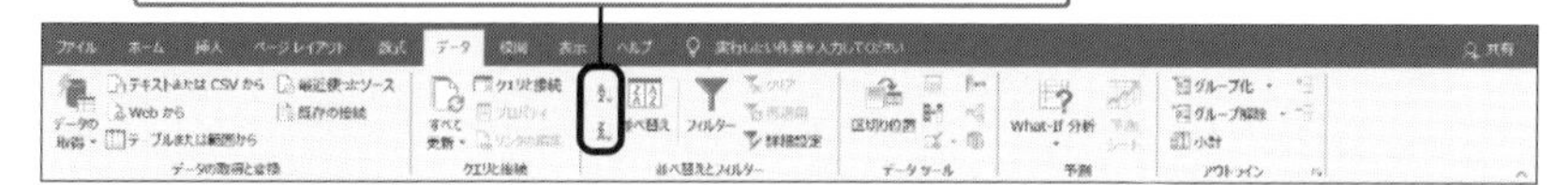

●フィルター

練習 3.32 「住所 1 が」「東京都」のデータのみを抽出する.

①リスト内をクリックして，アクティブセルを配置.

②[**データ**] → [**並べ替えとフィルター**] → [**フィルター**] をクリック.

③フィールドに ▼ が表示されるので「住所 1」の ▼ をクリック.

④プルダウンメニューから「東京都」をクリックし「OK」をクリック.

⑤「東京都」の会員だけが抽出.

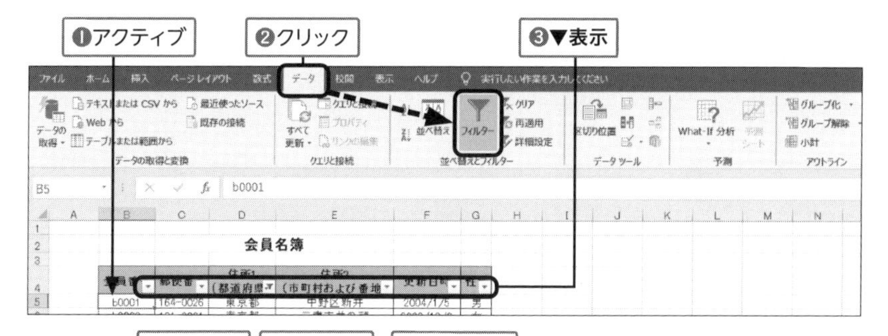

❸クリック ❹クリック ❺抽出結果

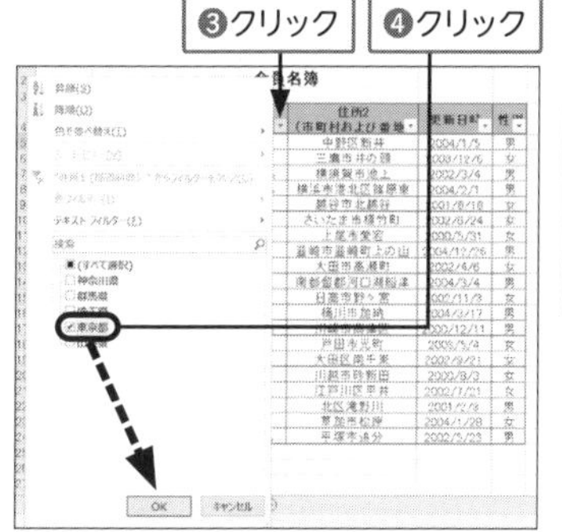

会員名簿

会員番号	郵便番号	住所1（都道府県）	住所2（市町村および番地）	更新日時	性別
b0001	164-0026	東京都	中野区新井	2004/1/5	男
b0002	181-0001	東京都	三鷹市井の頭	2003/12/6	女
b0015	145-0063	東京都	大田区南千束	2002/9/21	女
b0017	132-0035	東京都	江戸川区平井	2002/7/21	女
b0018	114-0023	東京都	北区滝野川	2001/2/3	男

●絞り込み

練習 3.33　住所が「東京都」の「女性」の会員を抽出する.

①性別の ▼ をクリックし「女」を選択.

②東京都の女性会員だけが抽出.

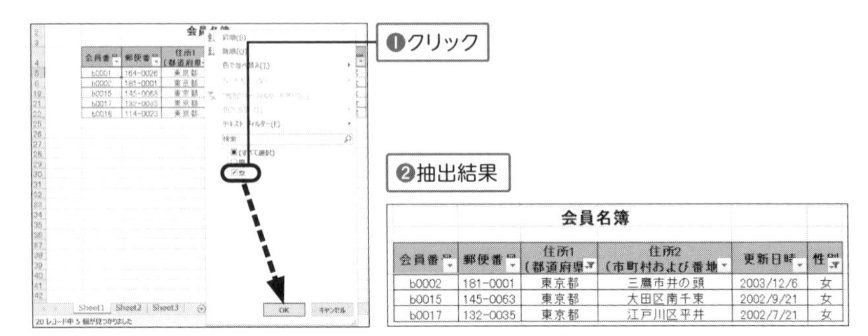

			会員名簿		
会員番号	郵便番号	住所1（都道府県）	住所2（市町村および番地）	更新日時	性別
b0002	181-0001	東京都	三鷹市井の頭	2003/12/6	女
b0015	145-0063	東京都	大田区南千束	2002/9/21	女
b0017	132-0035	東京都	江戸川区平井	2002/7/21	女

●ユーザ設定フィルター（オートフィルターオプション）

ユーザ設定フィルターでは，条件を指定してデータを抽出することができる．たとえば，住所が「東京都」と「埼玉県」の会員を抽出する場合を示す．

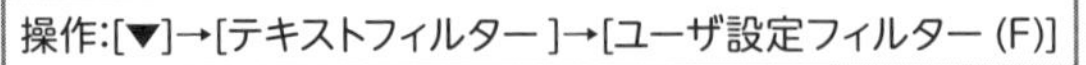

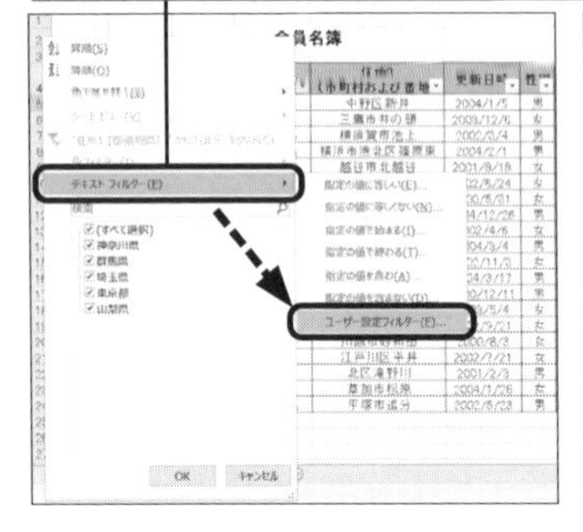

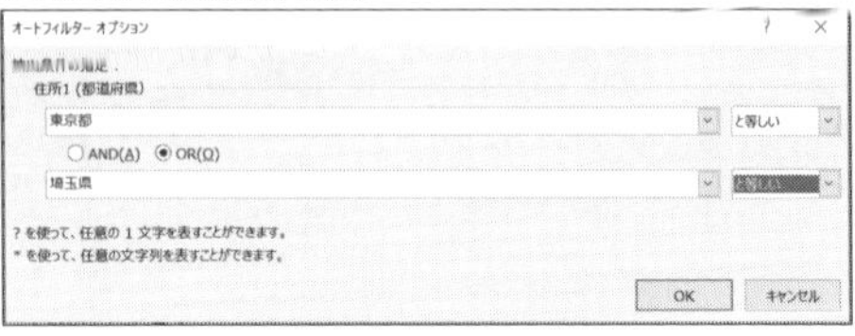

			会員名簿		
会員番号	郵便番号	住所1（都道府県）	住所2（市町村および番地）	更新日時	性別
b0001	164-0026	東京都	中野区新井	2004/1/5	男
b0002	181-0001	東京都	三鷹市井の頭	2003/12/6	女
b0005	343-0026	埼玉県	越谷市北越谷	2001/8/18	女
b0006	330-0036	埼玉県	さいたま市植竹町	2002/6/24	女
b0007	362-0034	埼玉県	上尾市愛宕	2000/5/31	女
b0011	350-1244	埼玉県	日高市野々宮	2002/11/3	女
b0012	363-0001	埼玉県	桶川市加納	2004/3/17	男
b0014	335-0023	埼玉県	戸田市元町	2003/5/4	女
b0015	145-0063	東京都	大田区南千束	2002/9/21	女
b0016	350-1137	埼玉県	川越市砂新田	2000/8/3	女
b0017	132-0035	東京都	江戸川区平井	2002/7/21	女
b0018	114-0023	東京都	北区滝野川	2001/2/3	男
b0019	340-0041	埼玉県	草加市松原	2004/1/28	女

●フィルター解除

フィルターを解除するには，[**フィルター**] のボタンを再度クリックすると，フィルターが解除され全データ表示の状態に戻る．また，フィルター設定を解除せずに戻す場合は，[**クリア**] をクリックする．

操作：[データ]→[並べ替えとフィルター]→[フィルター] / [クリア]

解除すると▼が非表示

会員番号	郵便番号	住所1（都道府県）	住所2（市町村および番地）	更新日時	性別
b0001	164-0026	東京都	中野区新井	2004/1/5	男
b0002	181-0001	東京都	三鷹市井の頭	2003/12/6	女
b0003	234-0035	神奈川県	横須賀市池上	2002/3/4	男
b0004	222-0022	神奈川県	横浜市港北区篠原東	2004/2/1	男
b0005	343-0026	埼玉県	越谷市北越谷	2001/8/18	女
b0006	330-0036	埼玉県	さいたま市植竹町	2002/6/24	女
b0007	362-0034	埼玉県	上尾市愛宕	2000/5/31	女
b0008	407-0011	山梨県	韮崎市韮崎町上の山	2004/12/26	男
b0009	373-0072	群馬県	大田市高瀬町	2002/4/6	女
b0010	401-0301	山梨県	南都留郡河口湖船津	2004/3/4	男
b0011	350-1244	埼玉県	日高市野々宮	2002/11/3	女
b0012	363-0001	埼玉県	桶川市加納	2004/3/17	男
b0013	213-0002	神奈川県	川崎市高津区	2000/12/11	男
b0014	335-0023	埼玉県	戸田市元町	2003/5/4	女

実習 3.12 以下のように抽出しなさい．

1. 実習 3.11 のデータを利用して，S 評価の学生を抽出すること．
2. 上記の抽出データから全教科 90 点以上の学生に絞り込むこと．
3. 絞り込みは [**ユーザ定義フィルター（F）**] を利用すること．

学籍番号	英語	数学	国語	社会	合計	評価
1889	96	90	91	99	376	S
2190	93	98	95	99	385	S
2240	97	95	90	97	379	S
2242	91	99	99	91	380	S

3.4.3 データの集計

レポートなどの課題をこなす際に，「集計」の機能を必要とする場面がある．数式を使って集計することも可能であるが，集計の機能として用意されている「ピボットテーブル」と呼ばれる，クロス集計表などもある．アンケート調査などで得られたデータは，目的に応じた集計の仕方を修得する必要がある．

●データの種類

集計するデータには様々な種類があるが，その種類や目的に応じてデータの取り扱い方が大なり小なり違う．データの種類は大きく分けると「質的データ」と「量的データ」に分類される．質的データとは「Yes or No」「支持する or 支持しない」など数量化されていないデータのことを言う．量的データとは年齢など，意味を持つ数値のデータのことを言う．ここでは，「質的データ」を扱った集計を紹介する．

●ピボットテーブルの作成

練習 3.34　アンケートの集計を行う．

①リスト内にアクティブセルを配置．

②［**挿入**］→［**テーブル**］→［**ピボットテーブル**］をクリック．

③選択範囲がリストの範囲「Sheet1!$B$4:$E$34」であることを確認．

④場所は「新規ワークシート（N）」とし「OK」をクリック．

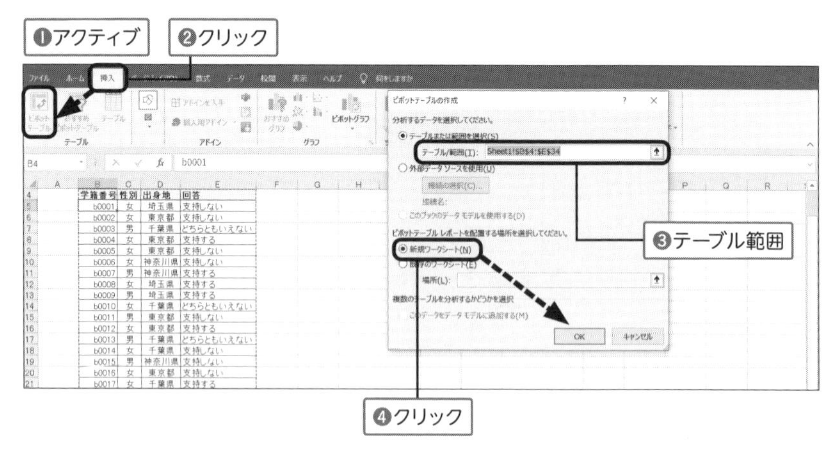

⑤ピボットテーブルのフィールドが新たなシートに作成.

❺ピボットテーブル作成

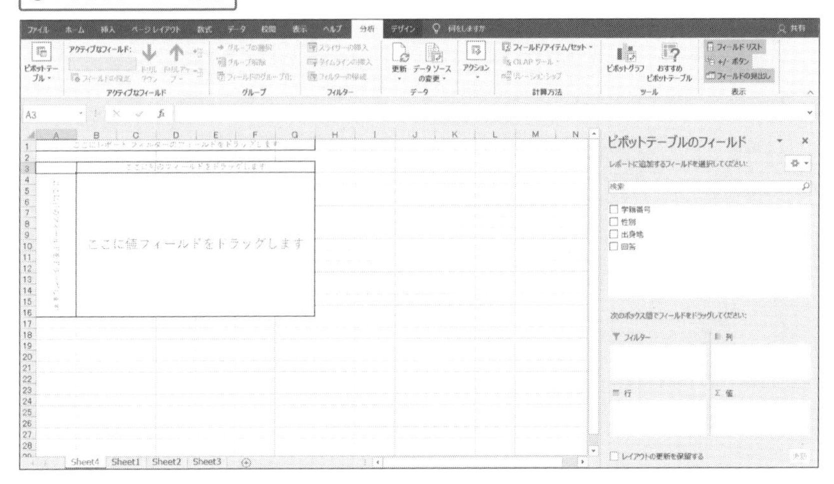

●ピボットテーブルの機能

ピボットテーブルとは，膨大なデータを簡単に集計することができる機能のことである．単なるデータの集まりを，様々な視点から集計できることが大きな特徴である．基本的な以下の4つの視点からアイテムを操作することで，データ分析が可能である．

1. 行のフィールドとデータアイテムの指定
2. 列のフィールドとデータアイテムの指定
3. 行と列のフィールドとデータアイテムの指定
4. 上記3つにページフィールドの指定

また，ピボットテーブル作成後に，項目の変更，グラフ作成やレポートの作成を行うこともできる．

●値・行・列フィールド

練習 3.35 ピボットテーブルを利用して男女別の集計をとる.

①学籍番号を「値のフィールド」へドラッグするとデータ個数の集計.

②性別を「行のフィールド」へドラッグすると男女の集計結果が表示.

③回答を「列のフィールド」へドラッグすると男女別の回答の集計が表示.

④利用されたフィールドのチェックボックスにチェック.

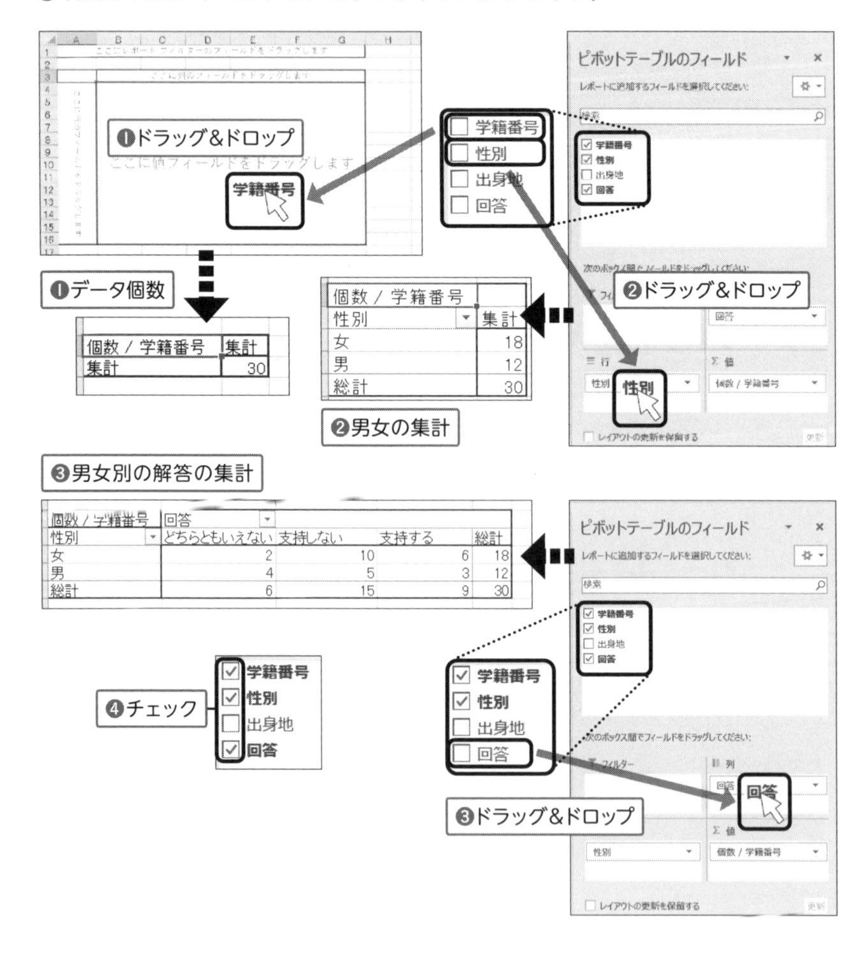

●フィルターフィールド

フィルターフィールドを利用すると，ピボットテーブルのデータの並べ替えやフィルターの処理を行うことも可能である．

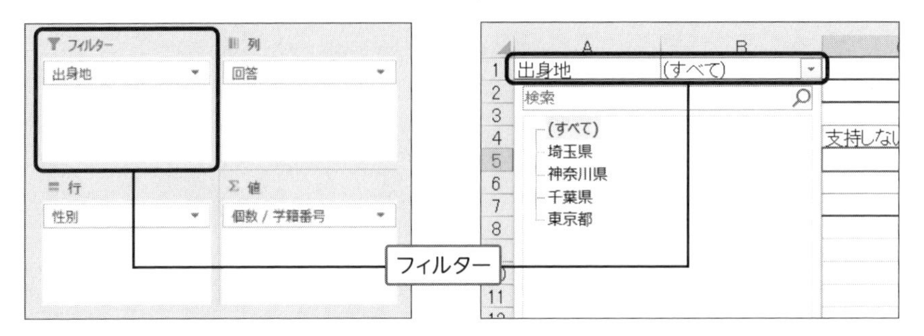

●項目の解除

フィールド内に項目を誤って挿入した場合や集計を取り直したい場合は，項目を削除することが可能である．項目を削除する場合は，作業ウィンドウのチェックボックスのチェックを外すと解除される．また,削除したい項目をドラッグして,項目を解除することもできる．

解除時のマウスカーソル

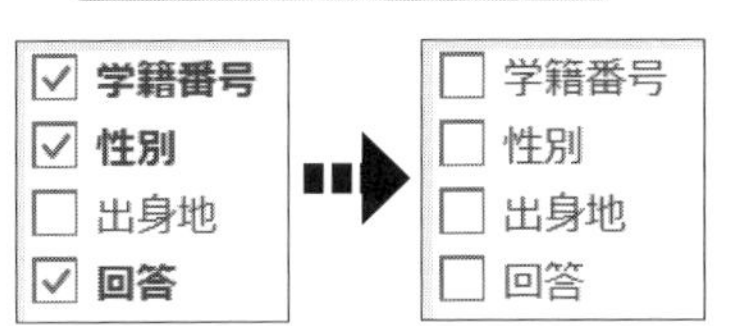

●ピボットテーブルツール

ピボットテーブルが出来上がると,同時にツールのリボンタブも表示される.「オプション」と「デザイン」に分かれていて，ピボットテーブルのデータの編集やグラフの作成など，様々な操作が可能である．

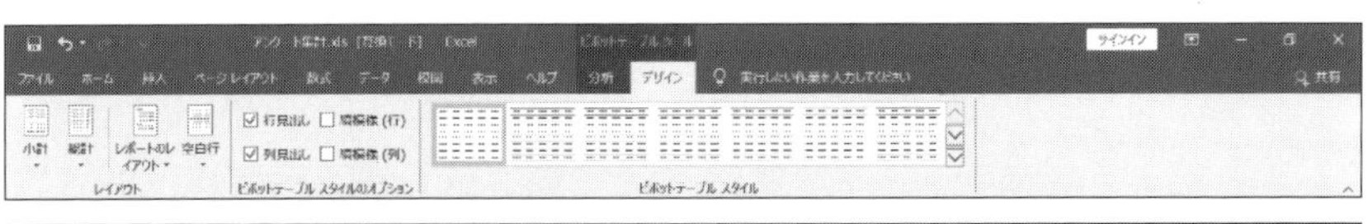

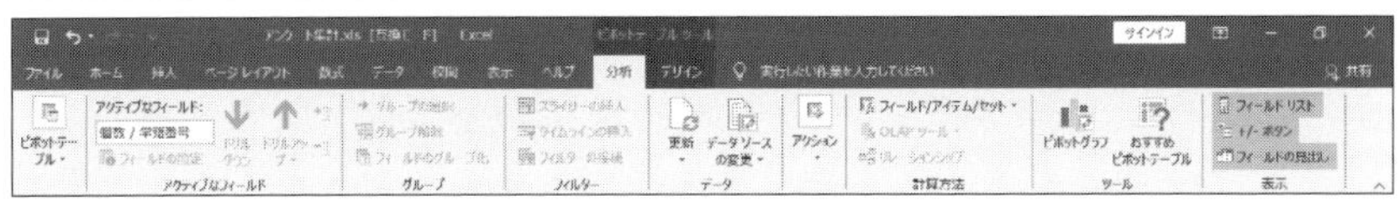

●全体比率の表示

練習 3.36　データを比率で表示する.

①「A3:E7」を範囲選択.

②[**ピボットテーブルツール**]→[**分析**]→[**アクティブなフィールド**]→[**フィールドの設定**]をクリック.

③[**値フィールドの設定**]が表示されるので [**計算の種類**]のタブをクリック.

④「全体に対する比率」を選び「OK」をクリック.

⑤比率の表示に変更.

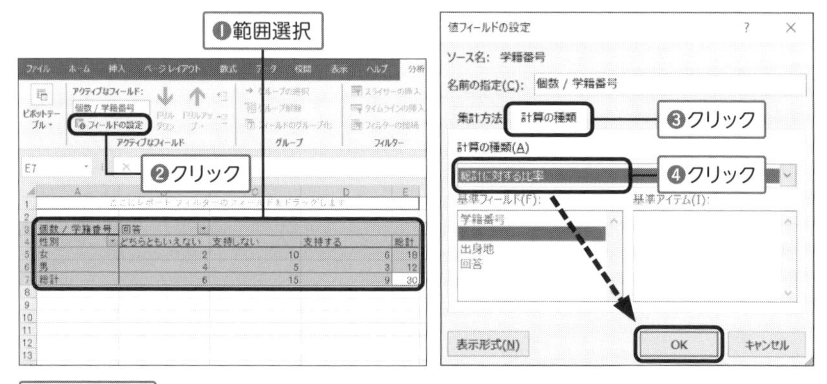

❺比率の表示

3	個数 / 学籍番号	回答			
4	性別	どちらともいえない	支持しない	支持する	総計
5	女	6.67%	33.33%	20.00%	60.00%
6	男	13.33%	16.67%	10.00%	40.00%
7	総計	20.00%	50.00%	30.00%	100.00%

実習 3.13　以下のように集計をしなさい.

1.　各評価の割合の集計結果を出すこと.

個数 / 学籍番号	評価					
	A	B	C	F	S	総計
集計	10.83%	33.87%	39.03%	15.47%	0.80%	100.00%

第4章 Microsoft PowerPointの活用

4.1 プレゼンテーションソフト

プレゼンテーションソフトとは

プレゼンテーションソフトは，「発表する」「理解してもらう」「説得する」といった行為を，より効果的にするための手助けをしてくれる道具である．発表をする際に，ただ原稿を読むだけでは，誰も聴いてくれない．要点のみをグラフィカルに，かつタイミングよく表示させることができれば，より説得力の高いプレゼンテーションができるようになる．ここでは，現在多くの場面で利用されている PowerPoint の操作を学習し，デジタルプレゼンテーションの技術を習得する．

デジタルプレゼンテーションにはいくつかのメリットがある．デジタルデータを利用するため，内容の編集作業が簡単に行えることやソフトに付属されるハサイグデザインの素材集も用意されている．それらを有効に利用して，見栄えのするデジタルプレゼンテーション資料を容易に作成することが可能である．また，画面全体にスライドを表示する機能や配付資料，ノートを作成する機能も付いている．これらをうまく利用し，自分の発表を印象的に披露して，効果的に聞き手を説得するためのデジタルプレゼンテーションに挑戦してみよう．

4.1.1 プレースホルダの操作

文字入力はスライドの上にある「プレースホルダ」という空のボックスにテキストを入力する．Word などのワープロソフトと異なり，スライドに直接文字を書き込むのではなく，必ず「プレースホルダ」と呼ばれるテキストのボックスに文字を書き込み，見やすく配置をする．

●文字の入力

練習 4.1 テキストを入力する．

①タイトル部分のプレースホルダをクリック．
②「タイトルのスライド」と入力．
③サブタイトルのプレースホルダをクリック．
④「ここにはサブタイトル」改行し「例えば自分の名前など」と入力．
⑤アウトラインにも同様の内容が表示．

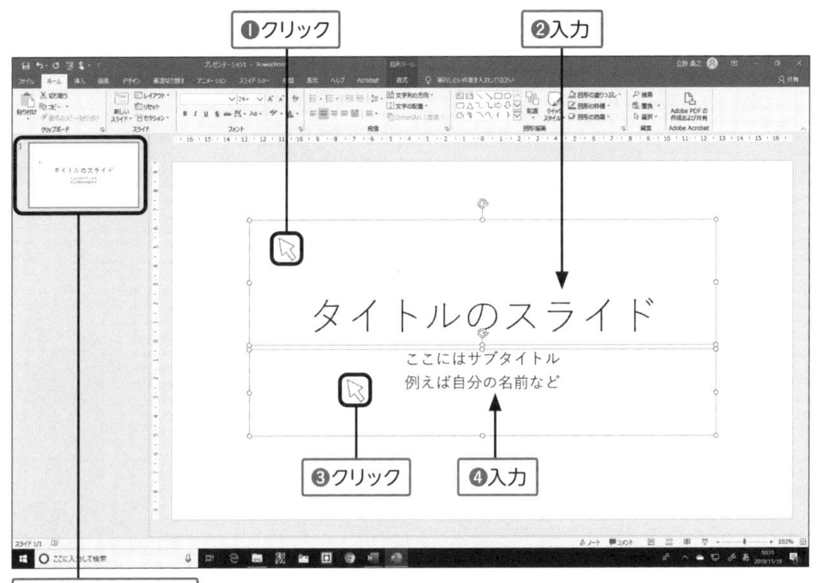

●プレースホルダの削除

プレースホルダを選択した状態で，キーボードの Delete キーを押すと，プレースホルダの中の文字が削除される．さらにもう一度プレースホルダを選択してから Delete キーを押すと，プレースホルダも削除される．

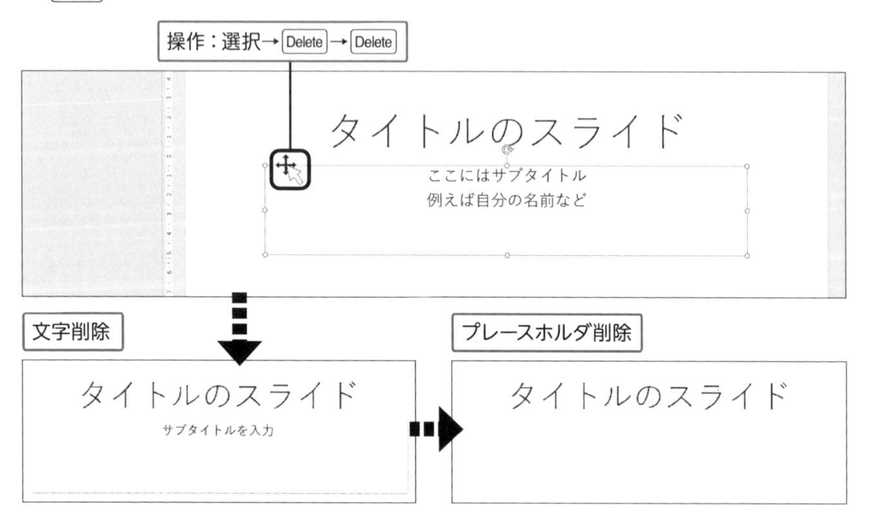

●プレースホルダの移動

プレースホルダを選択し，ドラッグで移動が可能である．

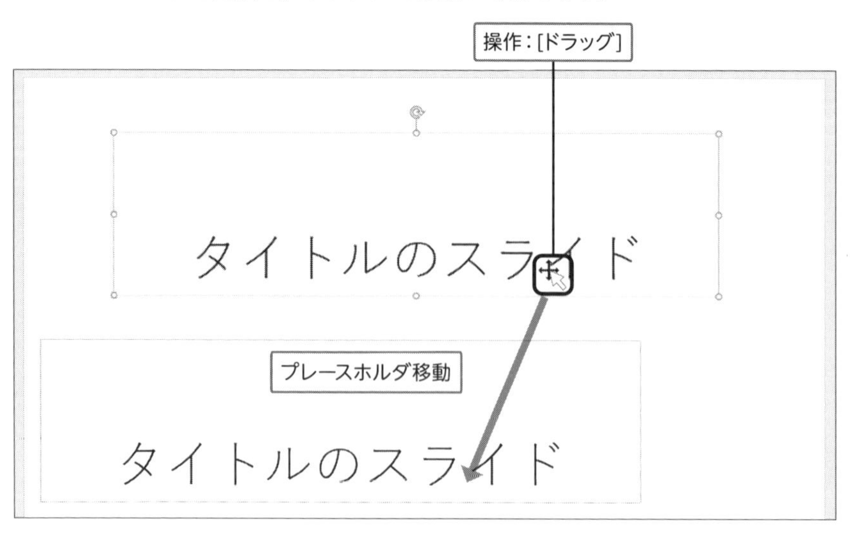

●テキストの変更

テキストの書式設定は，ツールバーに Word と同様のアイコンが用意されている．フォントの種類，サイズや色，文字の飾り，段落の設定などの機能が利用可能である．

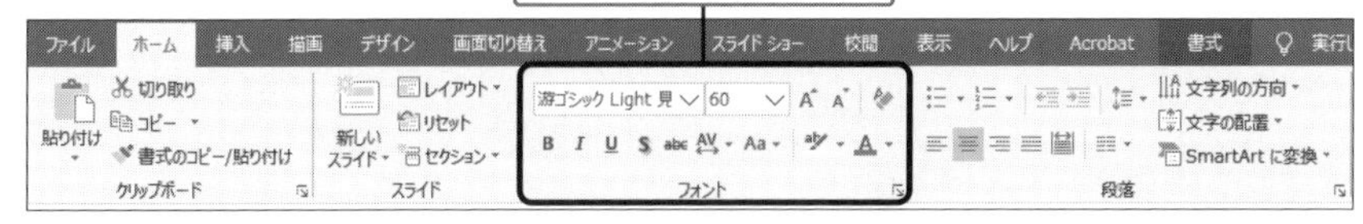

●ワードアート

Word と同様に文字に様々な装飾が可能な「ワードアート」の機能がある．文字のデザイン効果を適用して，見やすい資料を作ることができる．

●PowerPoint の特徴

PowerPoint は多種多様なデザイン素材やアニメーション効果などがあり，図解や動的な資料の作成に適している．プレゼンは見栄えも大切であり，見栄えのする魅力的な資料を簡単に作れる機能が充実している．

4.1.2 スライドの操作

PowerPoint には「テーマ」と呼ばれるスライドデザインの雛型（テンプレート）が用意されていて，これらをうまく利用すれば，初めてスライドを作成する初心者にも，きれいなスライドを作成することができる．また，テンプレートの色は，自分の好みに合わせて変更することも可能である．

●スライドのサイズ

スライドを投影する機器の縦横比を確認した上で，サイズを決める必要がある．近年 PC モニターの縦横比が変わっており，以前は 4：3 が主流であったが，最近はもっと横長の 16：9 が一般的になった．

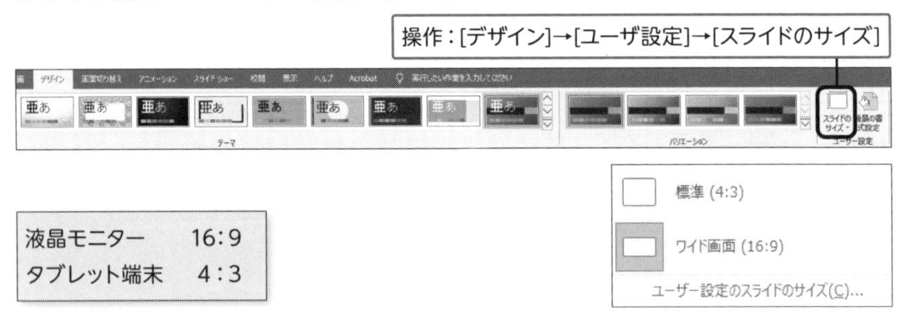

●スライドのデザイン

練習 4.2　テンプレートを利用してスライドの背景を変更する．

①[**デザイン**] → [**テーマ**] のベルリンをクリック．

②デザインのテーマが適用

●スライドの配色

デザインテンプレートの色は，変更することが可能である．[バリエーション] から様々な色を選択することが可能である．

●スライドの追加と削除

練習 4.3　スライドの追加・削除をする．

①[**ホーム**] → [**スライド**] → [**新しいスライド**] をクリック．

②アウトラインペインにスライドが 1 枚追加されたことを確認．

③スライドペインは追加されたスライドが確認．

④2 枚目のスライドを表示した状態に選択．

⑤ Delete キーを押すと，2 枚目のスライドが削除．

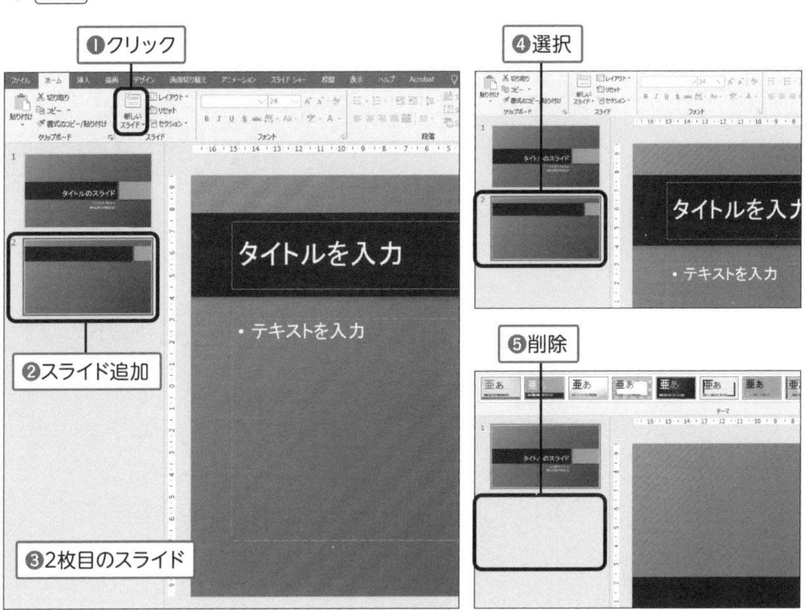

●スライドのレイアウト

スライドレイアウトは，スライドの適用させるレイアウトを選択できる．配置されたプレースホルダは，タイトル，本文，表，グラフ，SmartArt グラフィック，図，オンライン画像，ビデオ，およびサウンドなどのコンテンツを呼び出すボタンがある．

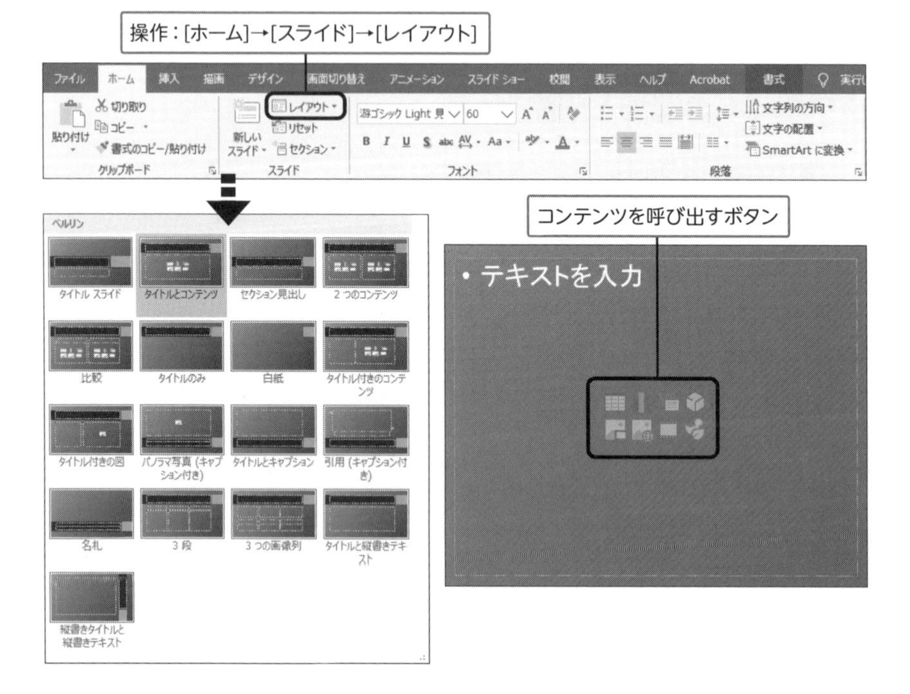

実習 4.1　以下の通りスライド追加しなさい．

1. 全スライドのテンプレートを「ベルリン」に指定すること．
2. 1 枚目のタイトルに「タイトルスライド」と入力すること．
3. 2 枚目のタイトルに「2 枚目のスライド」と入力すること．
4. 3 枚目のタイトルに「3 枚目のスライド」と入力すること．
5. 4 枚目のタイトルに「4 枚目のスライド」と入力すること．
6. 5 枚目のタイトルに「5 枚目のスライド」と入力すること．
7. ファイル名「練習用スライド」で保存すること．

4.1.3 PowerPoint の機能

PowerPoint の優れたところは，スライドショーを簡単に実行できることである．アニメーション効果を利用したスライドショーを見せることで，発表者の話と視覚効果が一体化したプレゼンテーションを実施することが容易になる．

●アウトライン機能

ドラッグ操作で簡単に，アウトライン画面でスライドの順番を入れ替えられる．プレゼンテーションの骨格を作っている途中で，スライドの順番を変更するときなどに便利である．

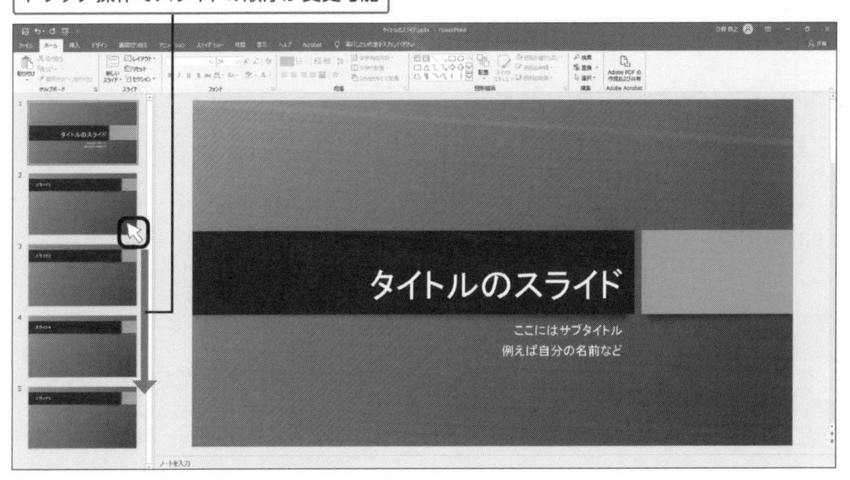

●アニメーションの機能

スライドの文字や図形に，動的な表現を追加したい場合にはアニメーションを設定する．タイミングに合わせて文字や図形に動作を加えた効果が設定可能になる．また，設定したアニメーションは複数を追加したり，解除したりすることも可能である．

●画面切り替え

スライドの画面切り替えは，次のスライドに切り替わるときに表示される視覚的効果である．アニメーションとその速度を調整でき，切り替え効果の外観をカスタマイズできる．

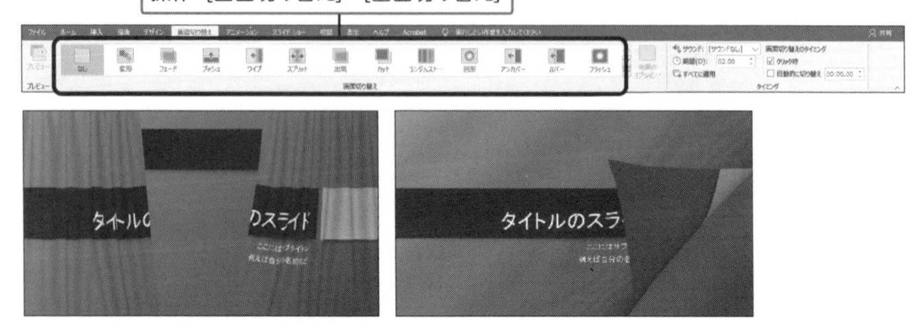

●スライドショーの機能

練習 4.4　スライドショーを実行する．

①[**スライドショー**]→[**スライドショーの開始**][**最初から**] をクリック．

②スライドショーが始まりマウスをクリックすると画面が進行．

③クリックを続けるとスライドショーが終了．Enter キーでも可能．

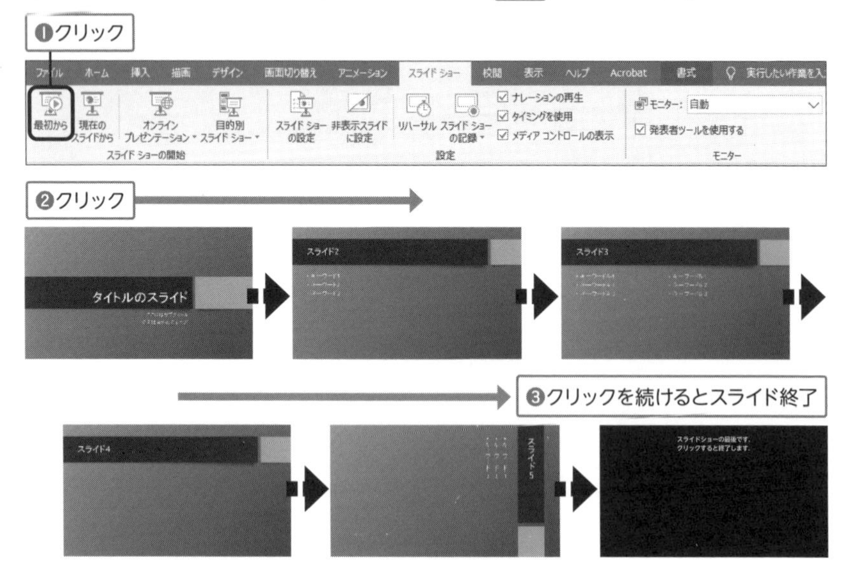

4.2 スライドの作成

自己紹介の作成

ここでは実際に「スライド」を作成し，PowerPoint を利用して自己紹介をする．5 枚のスライドで構成された 3 〜 4 分程の発表とする．

効果的なスライド

効果的なプレゼンテーションをするために，最も重要視しなければならないのは，人にわかりやすく説明することである．多くの言葉で説明するのではなく，「画像」や「アニメーション」を取り入れ「視覚効果」を利用して，わかりやすくする必要がある．しかし，「画像」や「アニメーション」は多く使えば良いというわけでもない．「視覚効果」を多用しすぎると，プレゼンテーションの内容を壊してしまう場合があるからである．それを念頭に置きつつ，スライド作成の際には，以下の項目に注意して進めていく．

- 箇条書きの利用
- 画像やグラフの利用
- アニメーションの利用

PowerPoint の優れたところは，視覚効果を上手に利用して，発表者の実力をプラスアルファして見せることができることである．しかし，ついつい見た目がよくなるため，写真やイラスト，音まで利用し頑張りすぎてしまうと，逆効果を生む場合もある．もちろん中身が一番大切なのは言うまでもない．強力なツールであるだけに，扱い方を間違えると中身をおろそかにする可能性も出てくる．その点のバランスに注意しながら，視覚効果を上手に活用して，デジタルプレゼンテーションの能力を上げていくよう心がけよう．

4.2.1 アウトラインとスライド

アウトラインとスライドは連動している．プレースホルダがなくてもアウトラインに文字を入力すれば，プレースホルダが自動的に作成される．資料を作成するときは，アウトラインで発表内容の概略を確認しながら，スライドに視覚効果を与えるような編集をしていく．

●アウトラインの操作

練習 4.5　アウトラインからテキストを入力する．

①［**表示**］→［**プレゼンテーションの表示**］→［**アウトライン表示**］をクリック．
②「ぶーちゃんについて」の後にカーソルを移動し Enter キー．
③追加されたスライドのアウトラインに「日常生活」入力．
④同様に「仲間たちの活躍」「最後に一言」を 4-5 枚目のスライドに入力．
⑤スライドのプレースホルダにも反映され文字が表示．

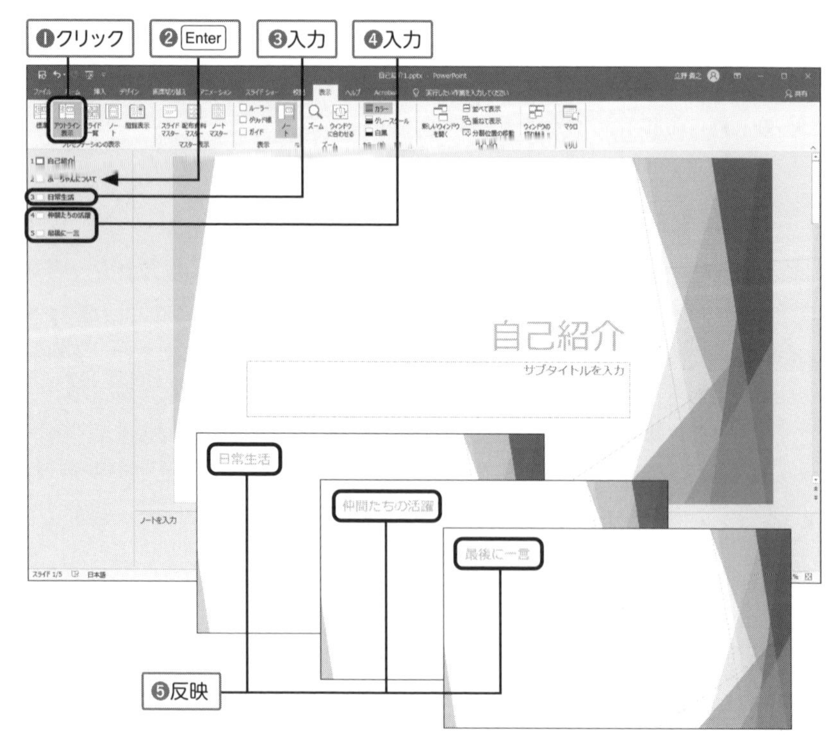

●アウトラインの段落レベル

練習 4.6　アウトラインでタイトルの段落レベルの変更を行う.

①「自己紹介」の後で Enter キー.

② Tab を押すと段落レベルが下がり表示.

③段落レベルが下がると，サブタイトルのプレースホルダへ移動.

④「携帯電話」を入力，改行し「ぶーちゃん」を入力.

⑤スライドのサブタイトルのプレースホルダにも反映.

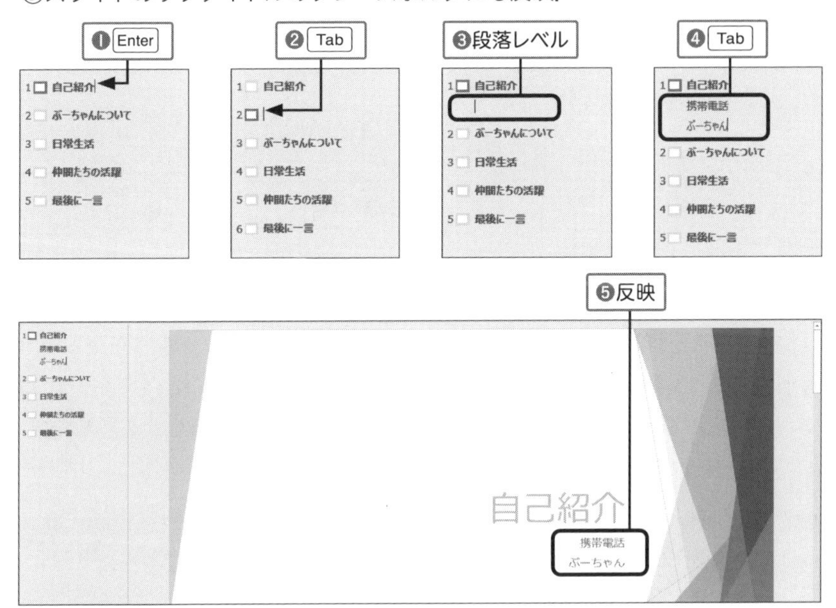

●箇条書きの段落レベル

練習 4.7　箇条書きを段落番号に変更する.

①2 枚目のサブフォルダに以下のように入力.

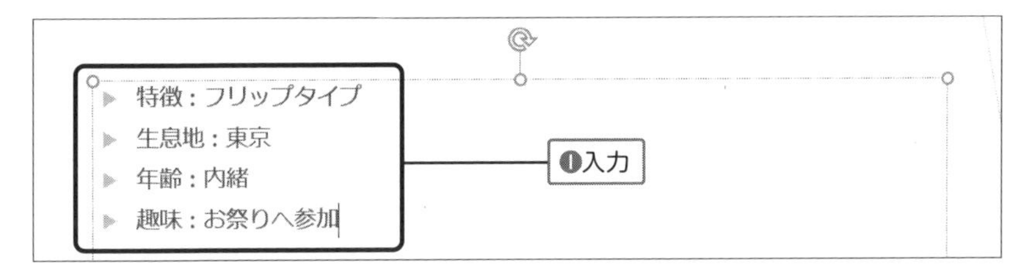

②[Enter] を押して改行.

③[Tab] を押すと箇条書きレベル変更.

④「スタイリッシュな折り畳み式だぜぇ！」と入力.

⑤[Enter] で改行し「フィーチャーフォンって知ってる？」と入力.

⑥同様に以下のように箇条書きレベルを下げ文字を入力.

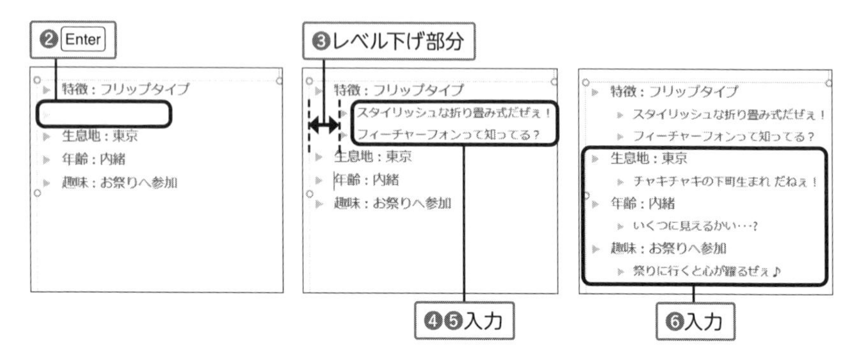

●箇条書きと段落番号

［箇条書き］［段落番号］の先頭につける番号や記号は，ツールバーから変更が可能である．**［箇条書き］［段落番号］**のボタンにある「▼」をクリックすると，プルダウンメニューが表示され指定外の番号や記号を選択することが可能である．

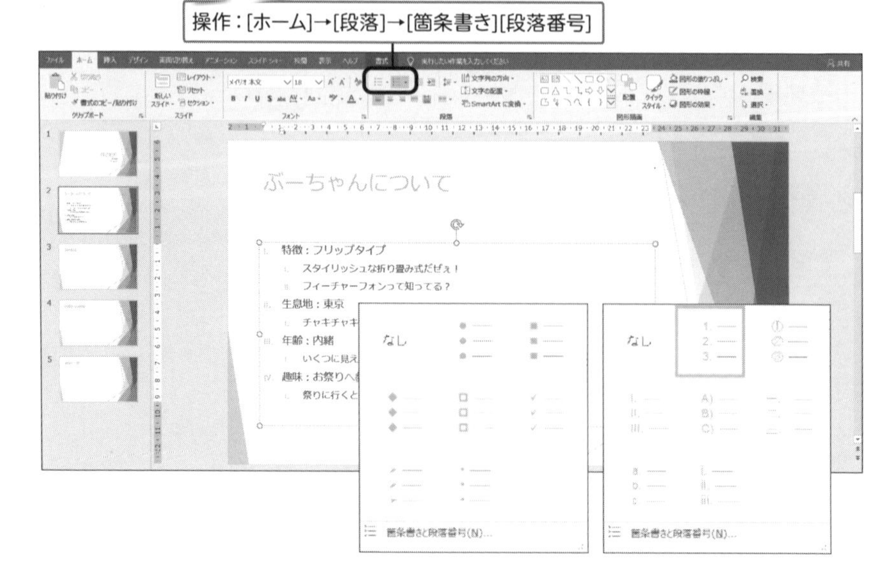

4.2.2 ビジュアル表現

スライドでは画像や図形を利用することによって，聞き手に対して視覚的に内容をアピールすることができる．これらイラストを順序よく張り合わせていくことで，効果的なスライドの作成が可能である．

●画像の挿入

練習 4.8　画像を挿入する．

①[**挿入**] → [**図**] → [**画像**] をクリック．

②**【図の挿入】** から「booh_festival.gif」選択し [**開く (O)**] をクリック．

③図が挿入されるのでドラッグで位置を調整．

実習 4.2　以下の通りのイメージを作成しなさい．

1. 3 枚目のスライドに指定の画像を挿入すること．

●図形の利用

練習 4.9　描画を利用して吹き出しを作る.

①［**挿入**］→［**図形**］→［**思考の吹き出し：雲形**］ボタンをクリック.

②マウスアイコンが＋に変わるのでドラッグをして図形を作成.

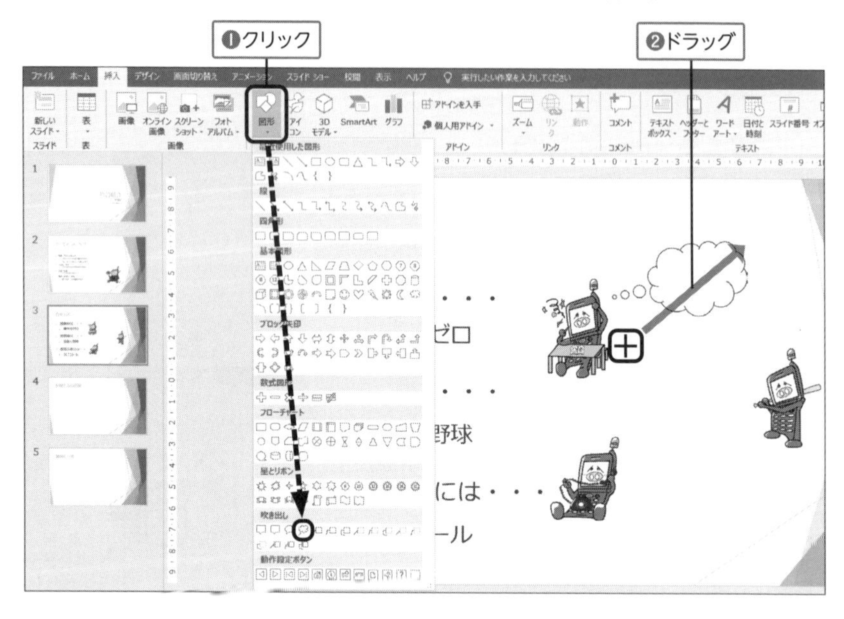

●図形の色

図形やラインの色は，図形のスタイルから変更が可能である。Word の図形と同じ方法(2.2.3 項と 2.2.4 項で説明)で,［**図形の塗りつぶし**］［**図形の枠線**］［**図形の効果**］の編集が可能である.

操作：[描画ツール]→[書式]→[図形のスタイル]

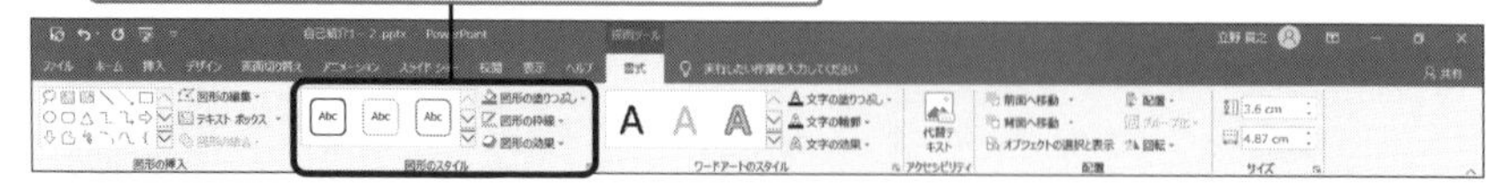

●オンライン画像の利用

Wordで説明した方法（練習2.8で説明）と同じで，オンライン画像を検索するダイアログボックスが表示され，必要な画像のキーワードを入力して，検索することが可能である．

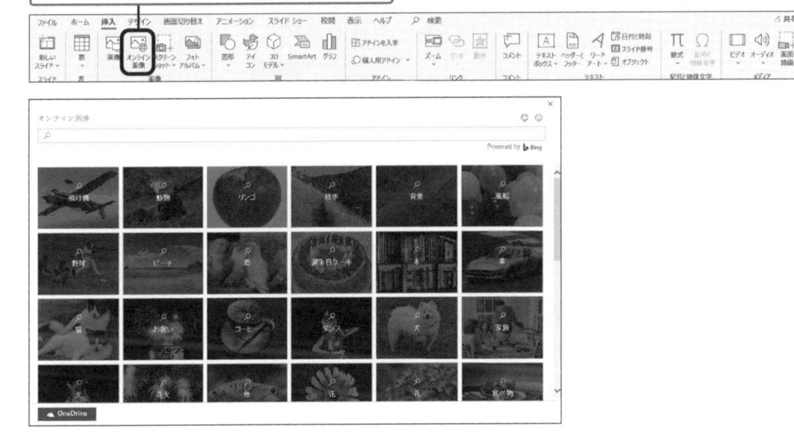

●SmartArtの利用

SmartArtには，情報を視覚的に表現するためのレイアウトが用意されている．情報を短時間で効果的に伝える必要のあるプレゼンテーションでは，これらの図表の利用は有効である．

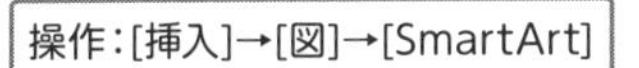

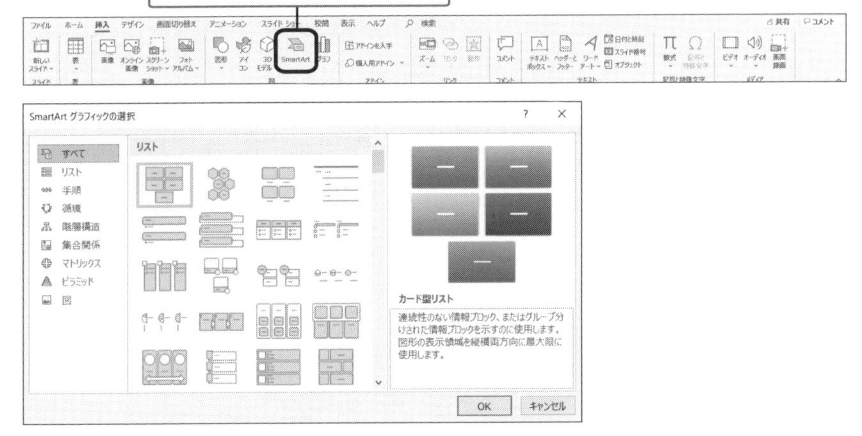

実習 4.3　以下の通りのイメージを作成しなさい.

1. 「雲形吹き出し」の図形の中に「booh_lunch.gif」を挿入すること.
2. ラインとボールを挿入すること.
3. 「右矢印」の図形を挿入すること.
4. 「ハート」の図形を挿入すること.
5. 「右矢印」と「ハート」の色 (任意) を変更すること

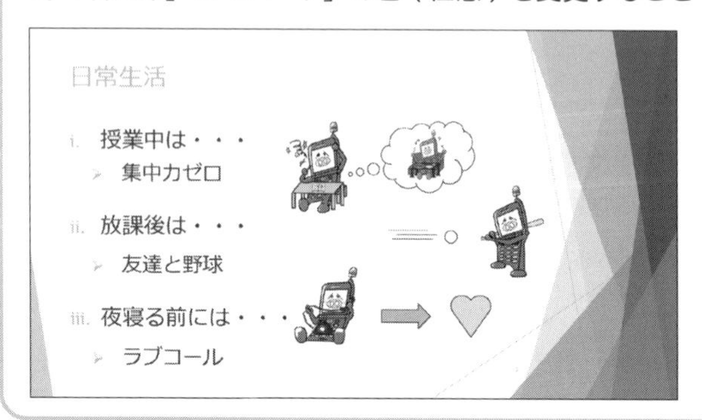

●グラフの追加

プレゼンテーションで聞き手を説得するためには，内容を裏付ける客観的事実，とりわけ数値データを示すことがとても効果的と言える．しかし，数値を羅列しただけでは，理解しやすいとは言えない．表やグラフでデータを追加すれば一目で理解できるスライドになる．

操作：[挿入]→[図]→[グラフ]

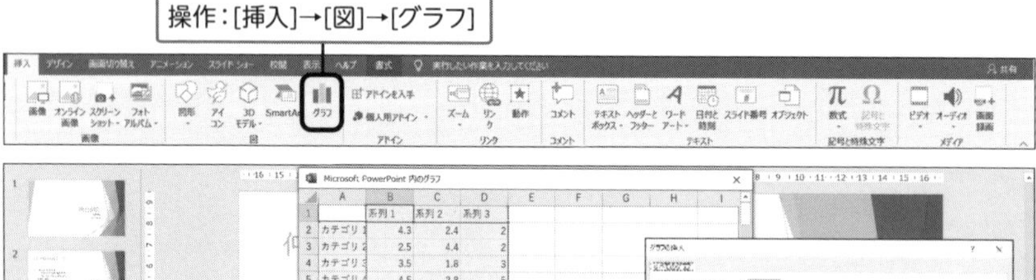

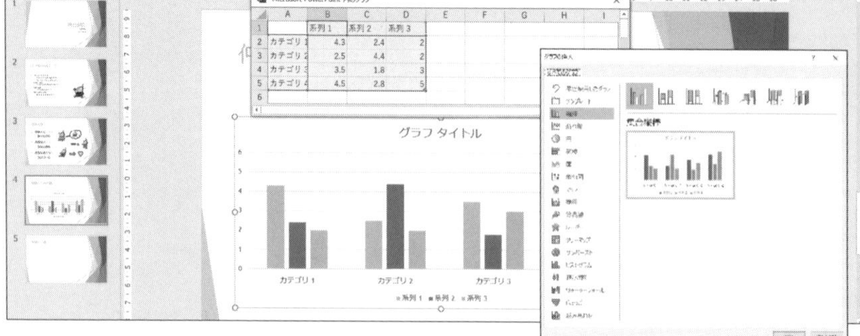

●グラフの操作・編集

グラフを選択すると［**グラフツール**］が表示され，「デザイン」「書式」のタブで，グラフ編集用のリボンを利用することが可能である．Excel 同様，グラフの種類やオプションの変更が可能である．

操作：[グラフツール]→[デザイン]

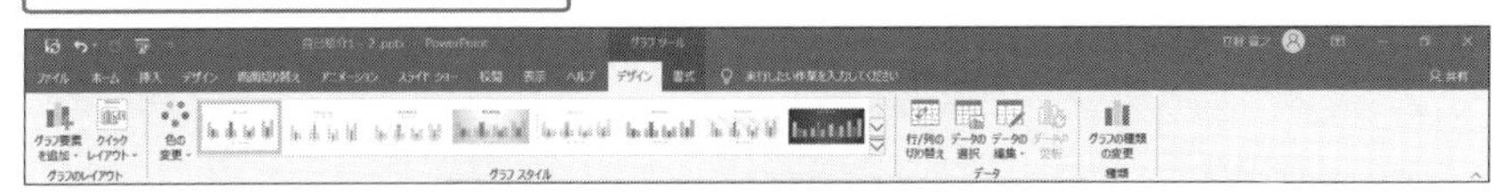

操作：[グラフツール]→[書式]

Microsoft PowerPoint 内のグラフ

	A	B	C	D	E	F	G	H	I
1		系列 1	系列 2	系列 3					
2	カテゴリ 1	4.3	2.4	2					
3	カテゴリ 2	2.5	4.4	2					
4	カテゴリ 3	3.5	1.8	3					
5	カテゴリ 4	4.5	2.8	5					
6									

グラフデータの編集画面

実習 4.4　以下の通りのイメージを作成しなさい．

1. グラフを挿入・編集すること．
2. 2020 年の数字を強調すること．
3. 全体のイメージとして以下のようにすること．

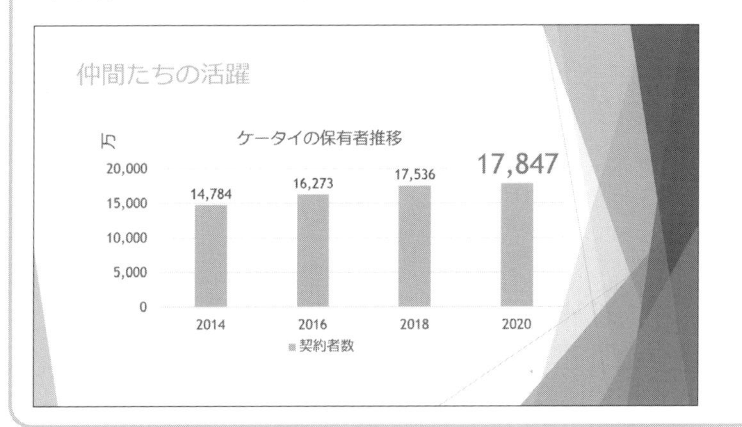

4.2.3 アニメーションの設定

アニメーション効果は，とても印象的で，スライドを見る人の目を引きつける．しかし，あまり多用しすぎると，プレゼンテーションの印象を悪くしてしまうといった影響を受けることもある．よく考えてアニメーション効果を利用しよう．

●アニメーションの追加

練習 4.10　アニメーションの設定をする．

①［**アニメーション**］→［**アニメーション**］→［**スライドイン**］をクリック．

②アニメーションがプレビュー表示され，文字列左に番号が表示．

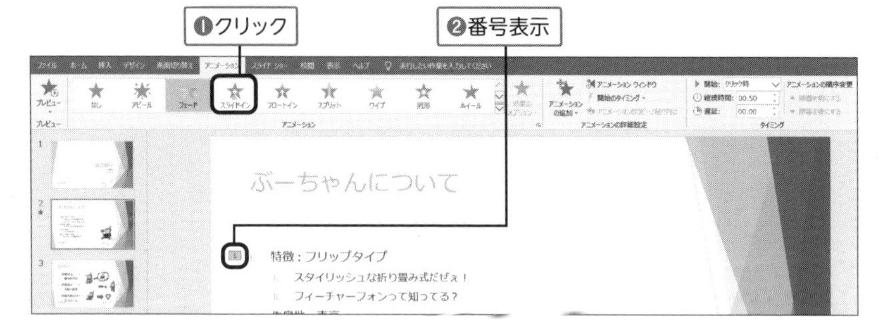

●効果のオプション

練習 4.11　アニメーションの効果のオプションの設定をする．

①［**アニメーション**］→［**アニメーション**］→［**効果のオプション**］をクリック．

②プルダウンメニューから［**左から（L）**］をクリックすると方向が変更．

●アニメーションの変更

練習 4.12 設定したアニメーションを変更する.

①表示されているアニメーション番号をクリック.

②[**アニメーション**]→[**アニメーション**]→[**フェード**]をクリック.

※[なし]をクリックするとアニメーション解除

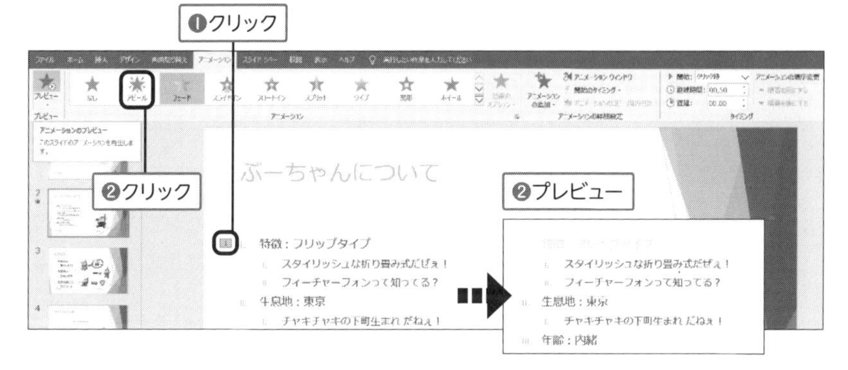

●アニメーション効果の種類

アニメーションには,「開始」「強調」「終了」「軌跡」の種類がある. 必要に応じて使い分けをしよう.

● 開始のアニメーション：スライドに入り込むような効果

最初はスライドに表示されていないが, アニメーションを実行すると動きながら表示される.

● 強調アニメーション：文字サイズ・色の変更, ちょっとした動きのある効果

説明のタイミングに合わせて「チカチカッ」とさせて, 説明している箇所を強調し, 視線を集めたい時などに利用する.

● 終了アニメーション：スライドから消える効果

最初はスライドに表示されているが，アニメーションを実行すると動きながら消えていく．

● 軌跡のアニメーション：設定した線の通りに動きをつける効果

設定した線の跡をたどるように図形を動かすことができる．ある特定のパターンで移動させる効果を追加する場合は便利である．

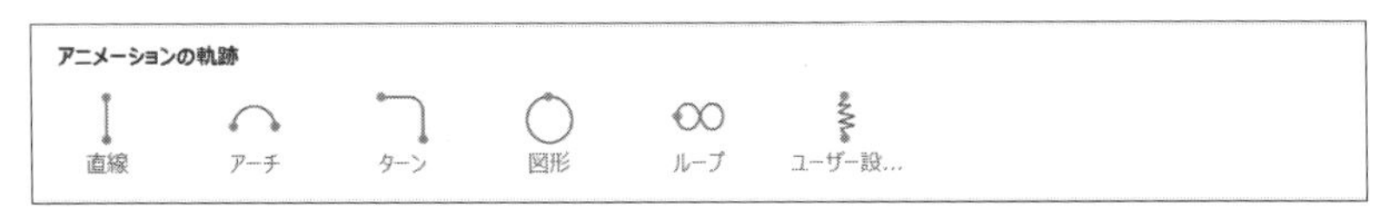

● その他の効果：ダイアログボックスの中に保管された効果

さらに別の効果，「開始」「強調」「終了」「軌跡」のそれぞれの種類のダイアログボックスから呼び出すことができる．

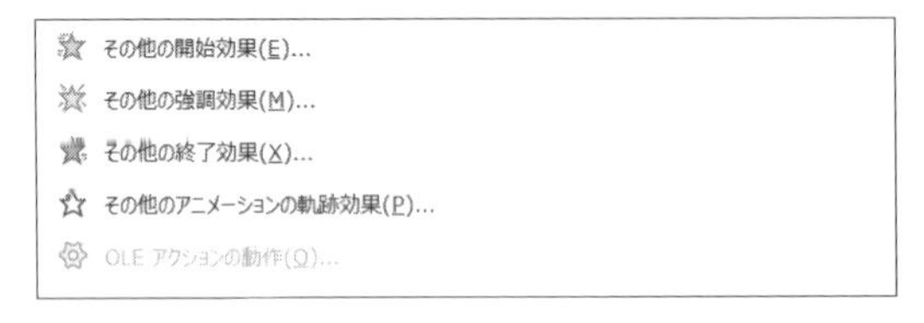

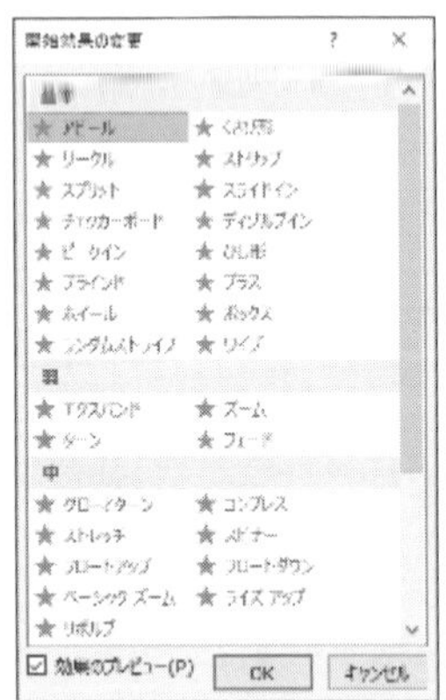

● アニメーションのタイミング

基本的にアニメーションは，クリック時に 1 つの動作をするように設定されるが，自動的に実行することや文字単位のアニメーションに変更することも可能である．プレゼンテーションをする場合，話すスピードや呼吸は非常に大切である．自分の呼吸に合わせて設定していく方法も覚えよう．

●複数のアニメーションを設定

1つのテキスト文字列または画像，図形，SmartArtなどに複数のアニメーションを適用することができる．

●アニメーションウィンドウ

アニメーションの設定をすると，文字列の左にアニメーションの順序が番号で表示される．さらにアニメーションウィンドウを利用すると，アニメーションの順序と動作時間が視覚化され，順序の変更や削除が可能である．ここでは，部分的にプレビューの確認をしたり，アニメーションの解除をしたりすることもできる．アニメーションを解除する場合は，アニメーションウィンドウの番号を選択し，キーボードの Delete を押すと解除される．

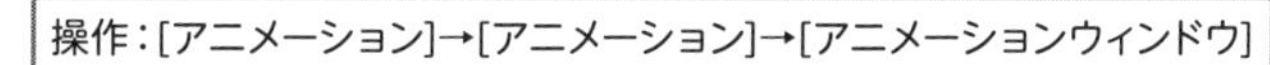

●グラフアニメーション

グラフのアニメーションは，項目や系列別に設定することが可能である．たとえば，グラフの項目を1本ずつに伸び上がるアニメーションをつけ，値の上昇傾向を強調し，より表現を効果的にすることができる．

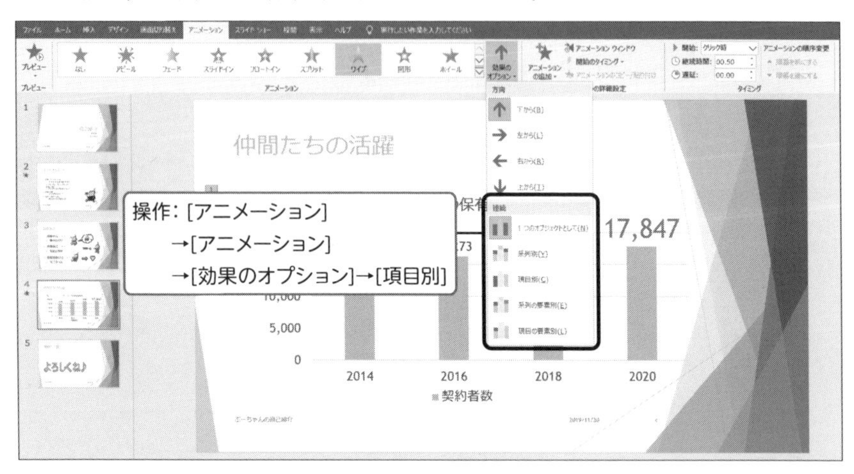

実習4.5　自己紹介をテーマとして新たにスライドを作成しなさい．

1. キーワード・画像・図形・グラフなどを活用すること．
2. キーワード・画像・図形・グラフなどにアニメーションの設定をすること．

＊以下はサンプルイメージです．

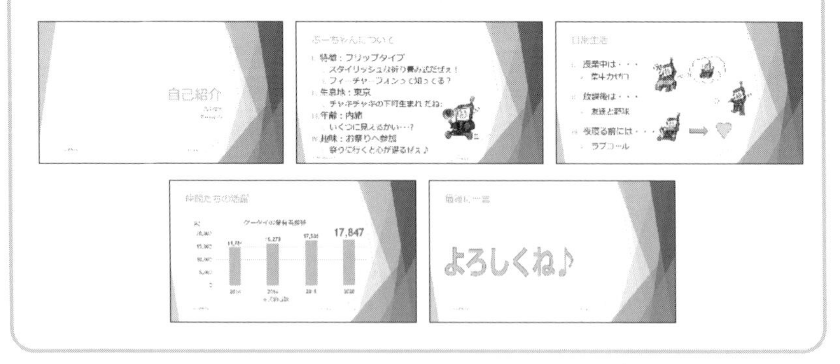

4.3 プレゼンテーションの準備

資料の作成

プレゼンテーションでは，用意したスライドを見てもらうだけではなく，聞き手が内容のメモをとったりもできるように，1枚に複数のスライドをまとめた「配布資料」を印刷して配布することもある．また，自分が発表するための資料として「ノート」印刷をして，手元においておく資料の作成も可能である．

事前準備

本番のプレゼンテーションの前には，事前準備を万端に整えるように心がけよう．また，必ずリハーサルを行うことも勧める．リハーサルをすると，大体の時間配分の見当がつくだけでなく，発表内のそれぞれの場面においての必要な事項などを確認することが可能である．

友達に聞き手役を頼み，人前でリハーサルをするのも成功への近道である．プレゼンテーションが上手な人は，発表の数をこなし場慣れしている人が多く，そういった人はチョットやそっとのトラブルがあっても，うまく切り抜けることができる．プレゼンテーションは回数を重ねることで確実に上達していくので，リハーサルも本番同様の心構えで臨むのも良いかもしれない．

発表原稿

発表原稿は，本番を行う前に，頭に叩き込んでおくことを勧める．原稿に頼ると，どうしても下の原稿ばかり見てしまう．それでは聞き手はあまり良い印象を受けない．発表用の原稿や資料は正確な情報を確認するために持っておくくらいに考え，発表では常に前を向きアイコンタクトや身振り手振りで聞き手をひきつけることを念頭に置きながら，リハーサルを行うと上達が早いであろう．

4.3.1 表示切り替え

基本的な作業は標準モードで行うが，発表用のノート表示やスライド一覧表示モードに切り替えることもできる．ノート表示モードは1枚1枚のスライドに対してメモ書きをするためのノートが用意されている．スライド一覧ではスライドが縮小して表示され，プレゼンテーション全体を確認することが可能である．

●ノート表示

発表者用の原稿を作成するうえで，発表する内容などをノートペインに書き込んでおくと便利である．発表内容をノートペインに記入しておくと，発表資料として利用できる．

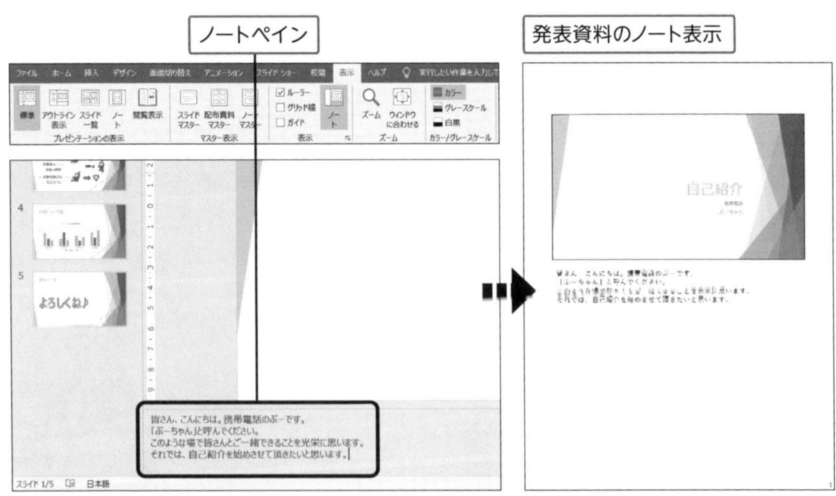

●スライド一覧表示

スライド一覧表示にして，ドラッグ操作でスライドを並び替えることも可能である．メニューの［**スライド一覧**］または，画面右下の「スライド一覧表示」のボタンを押すと切り替えることができる．基本的には，アウトラインペインの「スライド」と同じである．スライドの枚数が多くなった場合，プレゼンテーション全体を見渡すために，この一覧表示を使うと良い．

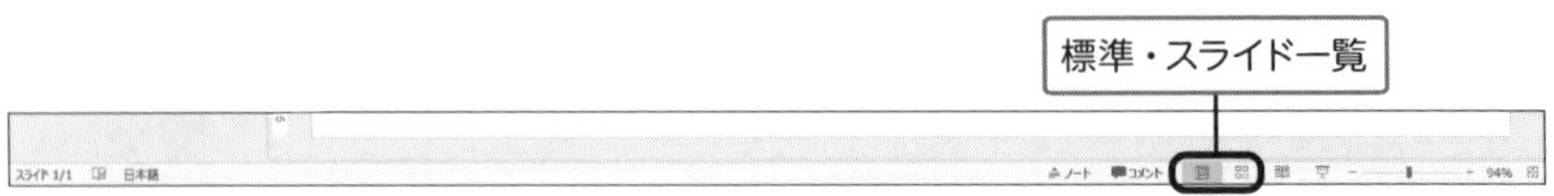

操作：[表示]→[プレゼンテーションの表示]→[スライド一覧]

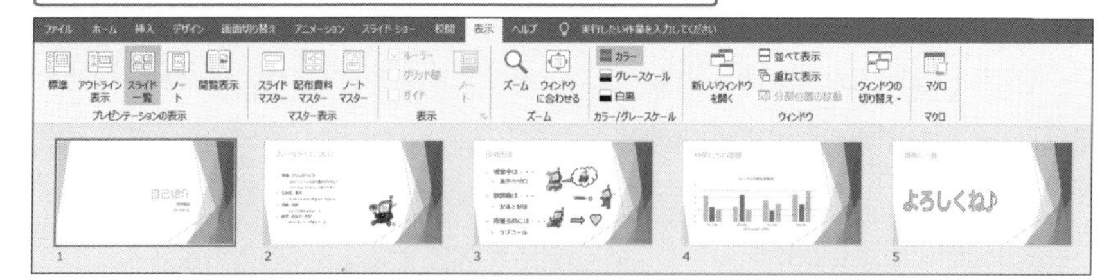

●ヘッダーとフッター

練習 4.13　スライドのフッターを編集する．

①[**挿入**] → [**テキスト**] の [**ヘッダーとフッター**] をクリック．

②「スライド番号 (N)」「フッター (F)」にチェック．

③[**フッター (F)**] に「ぶーちゃんの自己紹介」と入力．

④[**すべてに適用 (Y)**] をクリックするとスライドのフッターに追加．

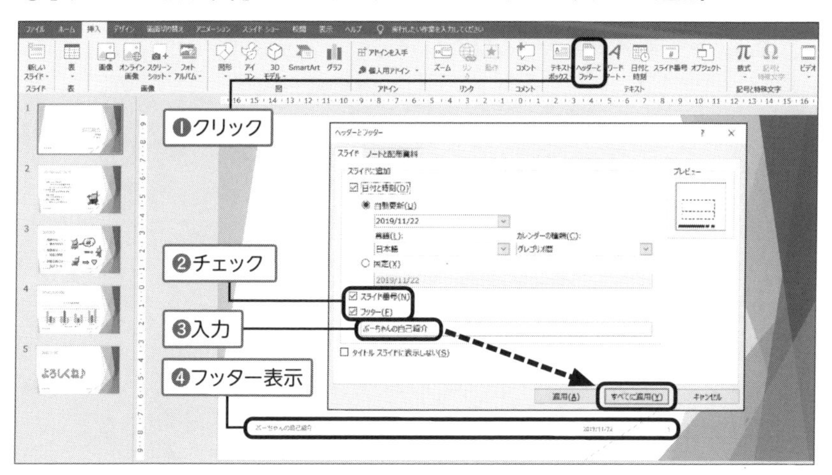

●マスター表示

マスター表示から，各資料のテンプレートを変更することが可能である．

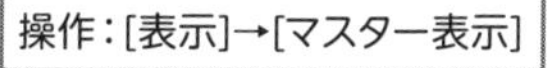

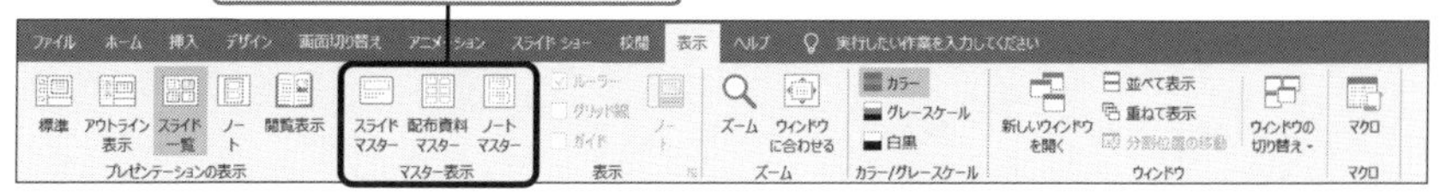

4.3.2 リハーサル

スライドショーの画面切り替えを手動で行わない場合,「スライドごとに手動で時間を入力する」「リハーサルを実施しながらスライド表示のタイミングを設定する」という 2 つの方法がある. リハーサル機能は後者であるが, タイミングを自動的に設定した後に, 手動でそのタイミングを調整することもできる.

●スライドショーの操作

スライドショーのマウス操作で, プレゼン用のワイヤレスなどを利用すると, 歩きながらでもページ操作ができるので, プレゼンテーションに活用できる. また, 以下のようにキーボードで操作することも可能である.

●リハーサル

リハーサルの機能ではスライドごとに時間の設定をして, スライドを自動的に進行させることができる. リハーサルを開始すると, 時間のカウントが開始し, 発表の練習をしながらスライドを進めていく. スライドが終わるとタイミングを記録するかどうか聞かれるので「はい (Y)」をクリックする. そうすると次回のスライドショーから, 記録した時間でスライドが自動的に進むようになる.

操作：[スライドショー]→[設定]→[リハーサル]

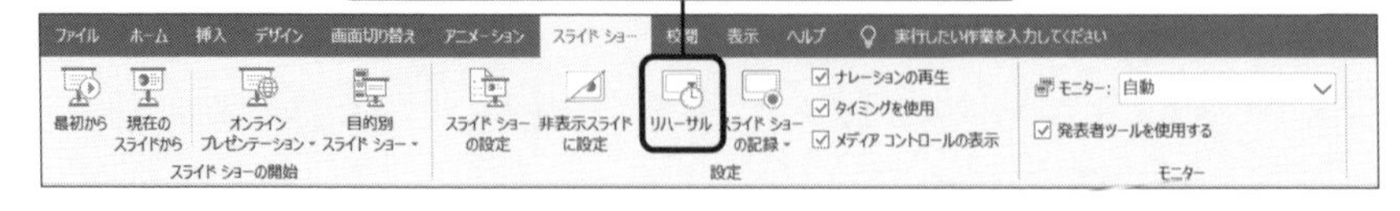

●リハーサルの解除

リハーサルの設定を解除したい場合は，［**スライドショー**］→［**設定**］→［**タイミングを使用**］のチェックをはずすと，リハーサルで設定した自動表示を解除することができる．

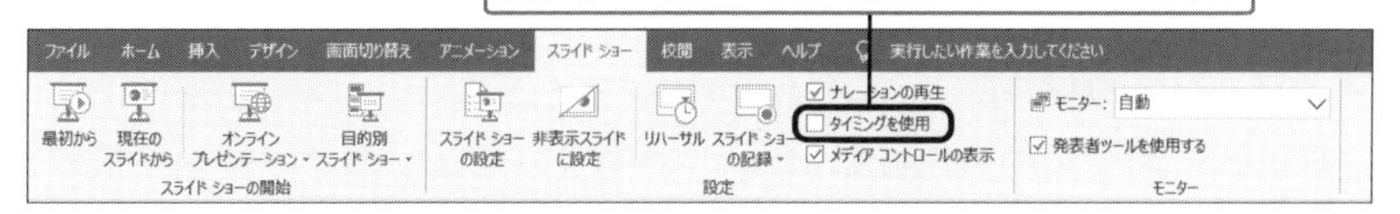

●リハーサルの重要性

リハーサルをすることで，プレゼンテーション全体の流れがスムーズか，要点は明確に示せているか，言葉遣いに問題はないか，時間配分は問題ないか，など基本的な事項がチェックできる．演劇などと同様に，複数回リハーサルを行い，できるだけ本番に近い環境でリハーサルを行うほうが望ましい．友人の助けを借り，大人数の前で発表練習し，誰かに聞いてもらったりすると，さらに効果的である．また，同じ制限時間，同じ資料，同じスタイル，実際に声を出して練習すると良い．身近な情報機器を活用し，自分の発表を録音または録画してチェックすることも，本番前に客観的に自分のプレゼンテーションを見直し，本番での緊張を緩和することになる．

実習 4.6　スマートフォンを利用して自分のリハーサル撮影をしなさい．

1. 撮影はスマートフォンやタブレットなど身近な機器を利用すること．
2. 撮影した動画は友人と共有すること．
3. 友人どうしで共有した動画を観て批評しあうこと．

4.3.3 資料の印刷

PowerPointでは1枚の用紙に1枚のスライドだけを印刷したり，スライドとノートを一緒に印刷したりすることが可能である．また，配布資料用に複数のスライドを1枚の用紙に収めることもできる．

●資料の印刷方法

資料を印刷する場合は，用途にあった印刷方法を選ぶ必要がある．たとえば，スライドの枚数が数十枚になった場合は，スライド印刷は有効ではないし，そもそも紙の無駄遣いにもなる．その場合，「配布資料」を選ぶことを勧める．また，「ノートで印刷」はスライドごとのメモ書きが1枚に印刷されているので，発表者の原稿として出力するのに便利である．

●スライド印刷

スライド印刷を利用すると，1枚の用紙に1枚のスライドが印刷される．見やすい資料にはなるが，スライドの枚数が多く，大人数に配布する必要がある場合は，印刷の量が大量になるので注意が必要である．

●ノート印刷

ノート印刷を利用すると，ノートペインに記入した内容やメモをスライドと一緒に印刷することが可能である．ノートにともにスライドの縮小版が印刷されているので，発表原稿として印刷しても良い．

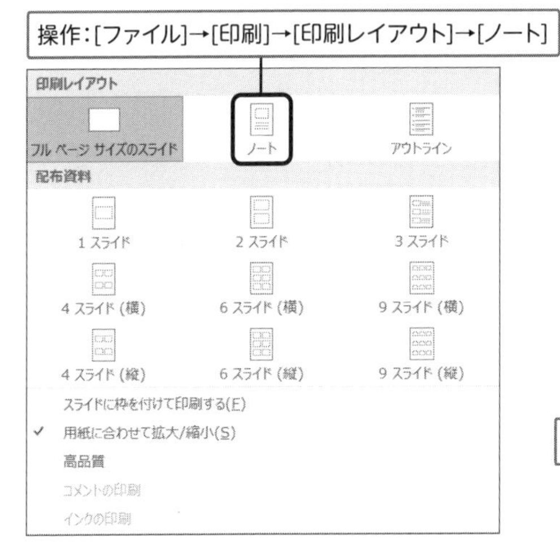

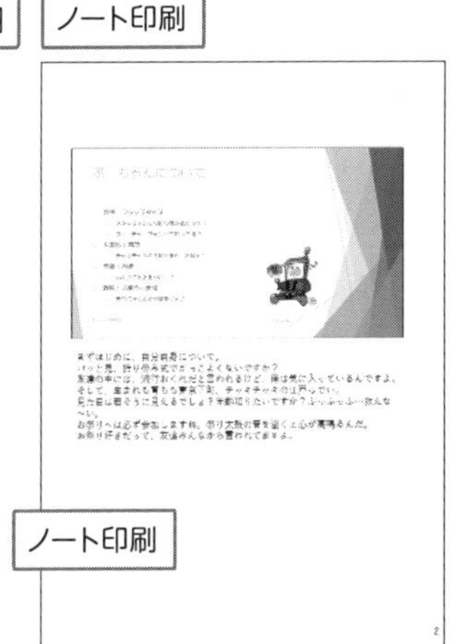

●配布資料印刷

配布資料として複数のスライドを1枚の用紙にまとめ印刷することも可能である．また，1枚の用紙に「2,3,4,6,9」枚でスライドの指定が可能である．スライドの総数や資料としての見やすさを考慮して，うまく設定しよう．

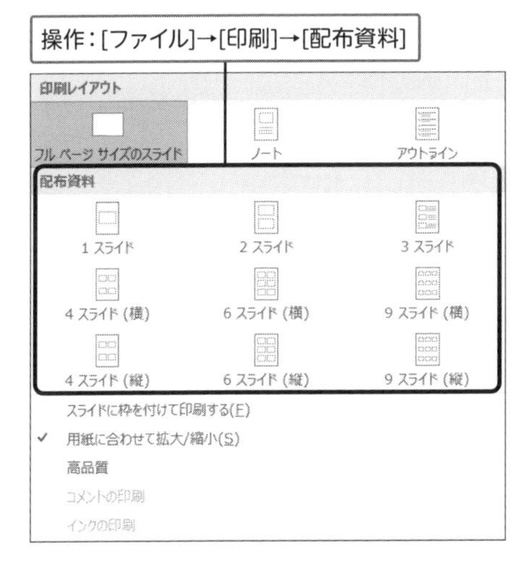

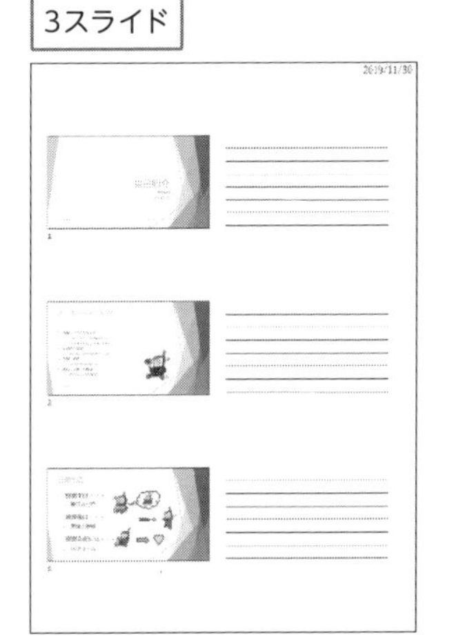

4.3.4 プレゼンテーションの実施

プレゼンテーションでは，限られた時間の中で自分の説明を聞き手に理解してもらう必要がある．そのためには，情報をビジュアル化するのは前述したが，ここでは，もう少し具体的にプレゼンテーションの対策を立てていくことを考える．

●情報のビジュアル化

下記のスライドを比べて，どのスライドがわかりやすいかは一目瞭然である．すなわち，いかに文字を減らして効率的に情報を伝えるか，を考慮することがスライド作成のコツと言える．聞き手としては，余計な文字はできるだけ読みたくない．それが何を示しているスライドか，発表者が何を言いたいのかを，一目見て判断させることができれば，聞き手を自分の発表へ入り込ませる第一歩になる．

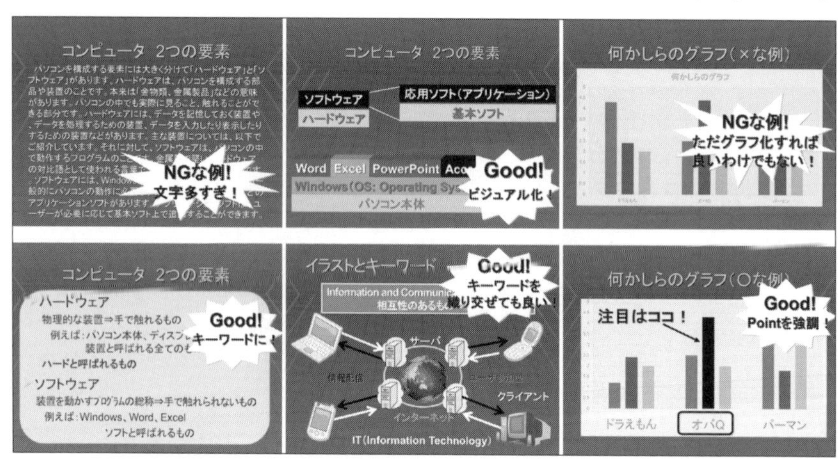

●スライド作成のコツ

PowerPointにはオンライン画像やデザインテンプレートなども用意されていて，それらを有効に利用して見栄えのするスライドを容易に作成することが可能なため，いくらでもスライドに工夫を凝らすことができる．しかし，プレゼンテーションの目的が不明確であったり，スライドのデザインやレイアウト，文章の体裁が整っていなかったりすると，プレゼンテーションの質を下げてしまう．プレゼンテーションでは，明確な目的を持って全体構成を考え，聴衆の立場に立った情報を取捨選択し，内容の過不足がないように伝える必要がある．以下の項目に注意し，相手の立場に立ったスライド作成を心がけよう．

1. 言葉は簡潔に，短い言葉の表現を利用する
2. 視覚的に訴えるためにグラフや画像を利用する
3. 文字を大きくする（一番後ろの聞き手が読めるように）
4. スライドの重要な項目にだけ色やアニメーション効果を利用する

●色の効果

スライドを作成するうえで，色の使い方は重要になる．以下の４つの点に注意をおき，情報を効果的に伝えるスライドの配色を考えていくとよい．

1. 見やすい背景色と文字色にする
2. スライド全体に統一感を持たせる
3. 情報の違いを色で明確に分ける
4. 重要な部分を色で明確にする

背景色と文字色の関係は重要になる．背景色と文字色は組合せによって見やすいスライドになったり，逆に見づらいスライドにもなったりするからである．たとえば明るい背景色を選んだ場合は，文字色はその反対に濃い色，暗い色を選ぶと読みやすいスライドになる．

そして，色は多用しすぎると統一感が損なわれ，不自然な印象のスライドになってしまう．統一感を出して，自然な印象を与えるために，「色の明るさを統一する必要がある．また，項目ごとに色分けをして，同種の項目の図形や文字には同じ色をつけたりして，情報内容や種類の違いを明確にすると非常にわかりやすいものとなる．

特定の部分を強調したい場合には，基本色として利用する色に対して，明るい赤や黄色といった目立つ色を選んで，一番重要なところを際立たせる色で強調し，他を多少地味にしてもかまわない．さらには，鮮やかな色は少し控えめにすることも重要である．過度に鮮やかな部分があると，そこばかりが注目を集めてしまい，全体像の理解がしにくく，他の部分の強調もかすんでしまうことがある．

●本番の心構え

プレゼンテーションの印象を良くするためには，人間の五感である視覚，聴覚を刺激させるとより効果的である．たとえば，身振り手振りなどを駆使すること

により視覚的に，そして，声の調子や言葉遣いに気を使い，聴覚的に聞き手に訴えかけると効果的である．

米国カリフォルニア大学の心理学者アルバート・メラビアン教授によれば，コミュニケーションは3つの要素［1. 言葉(内容)，2. 話し方(声の調子，高音低音，音色等)，3. ボディランゲージ(態度，姿勢，身ぶり，手ぶり，顔つき，外見，視線，服装)］で構成されている．こういった視点から，プレゼンテーションの方法を考えると，言葉以外の非言語コミュニケーションが重要であることがわかる．プレゼンテーションをより成功に近づけるため，本番では以下のことを心がけよう．

1. 毅然とした態度をとり，身振り手振りで聞き手の関心を高める
2. アイコンタクトをして，聞き手を話に引き込む
3. うなずいたりすることで，聞き手との距離を縮める
4. 聞き手に退屈させないよう声の高さ，大きさ，速さなどを変化させる
5. 声の変化とともにリズムをもたせ，話し方にメリハリをつける
6. 強調したいポイントでは，言葉を強調したり，迫力のある言葉を使う
7. 聞き手に理解してもらう時間を与えるために，「間」をおく

これらの要素にも気を配ることで，よりプレゼンテーションが効果的なものになる．そして，場数を踏み，自分の経験値を高めていくよう努力しよう．

4.3.5 オンラインプレゼンテーション

オンラインでプレゼンテーションを実施する場合，大きく分けて2つの方法論が考えられる．1つはライブ配信型，もう1つはオンデマンド配信型である．どちらも，メリットとデメリットがある．ここでは，それぞれの特徴を説明する．

●ライブ配信型

即時性のある(リアルタイム)映像を，インターネットを通じて配信する方法である．聴衆は，TV の生中継と同様にリアルタイムでプレゼンテーションを見ることができる．原則，ライブ配信中のみ視聴が可能となる．発表者と聴衆は，その場で相互の質疑が可能である．

●オンデマンド配信型

ビデオ素材を作成（撮影）して配信サーバに格納（たとえば，共有ドライブなどの保存場所）しておく．プレゼンテーションを視聴したい人は，Web 上の動画を再生し，映像を見たい時間に自由に視聴することができる．発表者は素材の撮り直しが可能であるが，リアルタイムに聴衆との質疑はできない．

●配信のスタイル

ライブ配信型とオンデマンド配信型のどちらであっても，プレゼンテーションをする際は，いくつかのスタイルで行われている．時代によって変化はあるが，ここでは代表的なスタイルを紹介する．

▶ TV 番組の放送方式

ビデオカメラやマイク，さらに撮影スタッフをお願いし，発表者はスクリーンなどの前で全身が映るようにプレゼンをする．

▶ YouTube の配信方式

スマホなど準備ができる機材のみで，自撮りを行う．Web 会議システムが接続されている PC またはスマホの前で，PC やタブレット，または資料などを見せながらプレゼンをする．

▶ツール機能活用方式

Web 会議システムなどの画面共有を利用して，スライドを共有する．画面を共有するとオンラインの聴衆の画面全体にはスライドが共有され表示．

●必要な情報機器

近年の情報機器やインターネットの発達により，Web 会議システムを利用したオンラインのプレゼンテーションは身近になりつつある．従来のプレゼンテーションとの違いは，PC やプロジェクタ以外に情報機器が必要になる．

▶スマホ・タブレット PC

手っ取り早くプレゼンや録画をするには最適．スマホは通話機能があるためマイクの感度も良い．

▶デジタルビデオカメラ

動画像をデジタル情報として撮影・記録するカメラで，映像の質はとても良い．

▶ウェブカメラ

PC ビデオ等を使用して，撮影された映像にアクセスできるリアルタイムカメラのこと．最近ではマイクがついていることが多いのでオンライン会議に便利である．

▶ヘッドフォンマイク

ヘッドフォンに小型のマイクが取り付けられたもので，安価でパフォーマンスは良い．

▶指向性マイク

特定の方向（単一方向）や，様々な方向（マルチ方向）から集音する設計のマイクで，感度が高い．歌手のレコーディングやユーチューバーが使うものまで値段はピンキリである．

▶ノート PC（カメラ・マイク付）

タブレット PC 同様にすべてそろうので，手っ取り早くプレゼンするには最適．性能はピンキリだが，映像とマイクの感度はいまひとつのものが多い．

●ライブ配信型のプレゼン方法

聴衆がブラウザを利用して参加できる無料の公開サービスであるOffice Presentation Service を使って，PowerPoint によるプレゼンテーションを実行することが可能である．セットアップの必要はないが，Microsoft アカウントが必要になる．

操作：[スライドショー]→[スライドショーの開始]→ [オンラインプレゼンテーション]

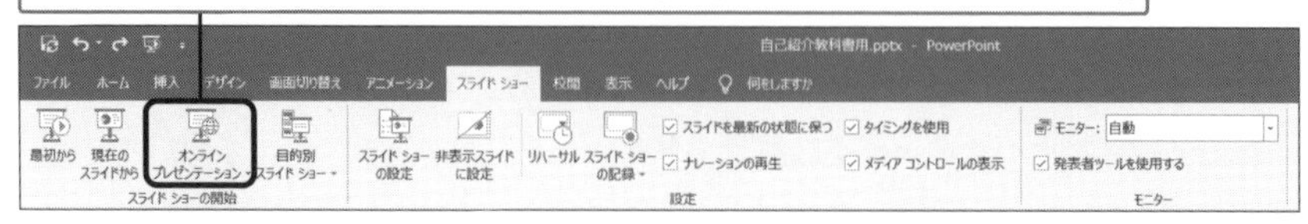

ライブ配信型のプレゼンは，PowerPoint のオンラインプレゼンテーション以外にも，前述した Google Meet や Zoom などの Web 会議システムの画面共有機能を利用して，行うことが可能である．様々な技術や利用パターンを知識として身につけておくことは，強力な武器になる．

●オンデマンド配信動画作成

オンデマンド配信動画は，スライドショーの記録の機能を利用して作成が可能である．この機能では，スライド 1 枚ごとに説明を録音し，録音ミスをした場合は，スライドごとにやり直しが可能である．

操作：[スライドショー]→[設定]→[スライドショーの記録]

録音ボタンで開始，スライド説明が終わったら，続けることもでき，一度録音を止め次のスライドから始めることも可能である．この作業を繰り返すと，最後には説明が録音されたスライドショーの作成が可能である．

すべてのスライドの録音が終了したら，ファイルを保存する．この時に，PowerPoint スライドショーの形式や動画で保存することも可能である．

操作：[ファイル]→[エクスポート]→[ビデオの作成]

索 引

数字・記号

英字

あ行

か行

さ行

た行

な行

は行

ま行

や行

ら行

わ行

【著者紹介】

立野貴之（たちの たかし）

2013年　岡山県立大学大学院情報系工学研究科 博士課程単位取得満期退学
専　攻　情報科教育学, 教育工学, 情報工学
現　在　松蔭大学観光メディア文化学部メディア情報文化学科 准教授, 博士（工学）

大学生のための
情報処理演習

Computer Lessons & Exercises for University Students

2021年2月25日　初版1刷発行

著　者　立野 貴之　©2021

発行者　南條 光章

発行所　**共立出版株式会社**
〒112-0006
東京都文京区小日向4丁目6番19号
電話　03-3947-2511（代表）
振替口座 00110-2-57035
www.kyoritsu-pub.co.jp

DTP デザイン　祝デザイン

印　刷　新日本印刷
製　本　協栄製本

一般社団法人
自然科学書協会
会員

検印廃止
NDC 007

ISBN 978-4-320-12467-7

Printed in Japan